手のひら図鑑 ❾
サメ・エイ

トレヴァー・デイ 監修

伊藤 伸子 訳

化学同人

Pocket Eyewitness SHARKS
Copyright © 2012 Dorling Kindersley Limited
A Penguin Random House Company

Japanese translation rights arranged with
Dorling Kindersley Limited, London
through Fortuna Co., Ltd., Tokyo
For sale in Japanese territory only.

手のひら図鑑 ⑨
サメ・エイ
2017 年 4 月 1 日　第 1 刷発行
2024 年 12 月 25 日　第 3 刷発行

監　修　トレヴァー・デイ
訳　者　伊藤伸子
発行人　曽根良介
発行所　株式会社化学同人

〒600-8074　京都市下京区仏光寺通柳馬場西入ル
TEL：075-352-3373　FAX：075-351-8301

装丁・本文 DTP　グローバル・メディア

JCOPY〈出版者著作権管理機構委託出版物〉
本書の無断複写は著作権法上での例外を除き禁じられています．複写される場合は，そのつど事前に，出版者著作権管理機構（電話 03-5244-5088，FAX 03-5244-5089，email：info@jcopy.or.jp）の許諾を得てください．

無断転載・複製を禁ず
Printed and bound in China

ⓒ N. Ito 2017
ISBN978-4-7598-1799-7

◎本書の感想を
お寄せください

乱丁・落丁本は送料小社負担にて
お取りかえいたします．

www.dk.com

目　次

- 4　サメ
- 6　感覚
- 8　歯とあご
- 10　泳ぎ
- 12　繁殖
- 14　攻撃と防御
- 18　生息場所
- 20　回遊
- 22　サメへの脅威
- 24　古代のサメ

28　サ　メ

- 30　サメの分類
- 32　カグラザメ目
- 34　ツノザメ目
- 48　ノコギリザメ目
- 50　カスザメ目
- 56　ネコザメ目
- 60　テンジクザメ目
- 74　ネズミザメ目
- 86　メジロザメ目

120　エイ、ガンギエイ、ギンザメ

- 122　サメのなかま
- 124　ノコギリエイ
- 126　サカタザメ
- 128　ガンギエイ
- 132　シビレエイ
- 136　アカエイ
- 144　ギンザメ

- 146　サメのあれこれ
- 148　最大のサメ、最小のサメ
- 150　用語解説
- 152　索　引
- 156　謝　辞

大きさ
この本では、サメ、エイ、ガンギエイ、ギンザメの大きさを縮尺して下のような人間の絵と比べています。

1.8 m　　20 cm

絶滅危惧種
存続が危ぶまれている種、または絶滅寸前の状態にある種には下の印がついています。

絶滅危惧種

サメ

サメは軟骨魚です。骨格は、骨よりも軽く柔軟性のある軟骨でできています。サメは数百万年の時間をかけて海で一、二を争う恐ろしい捕食者に進化しました。優れた視力、強力なあご、流線形の体を手に入れて効率よく狩りをする、向かうところ敵なしのハンターになったのです。

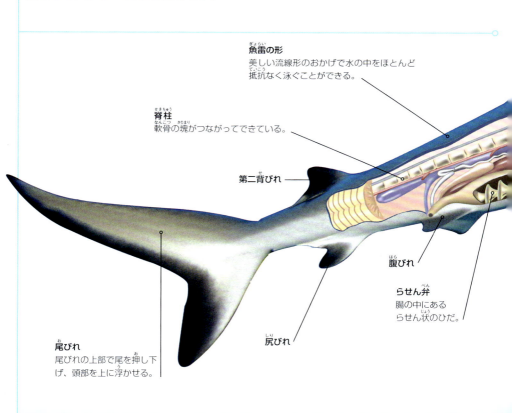

魚雷の形
美しい流線形のおかげで水の中をほとんど抵抗なく泳ぐことができる。

脊柱
軟骨の塊がつながってできている。

第二背びれ

腹びれ

らせん弁
腸の中にあるらせん状のひだ。

尻びれ

尾びれ
尾びれの上部で尾を押し下げ、頭部を上に浮かせる。

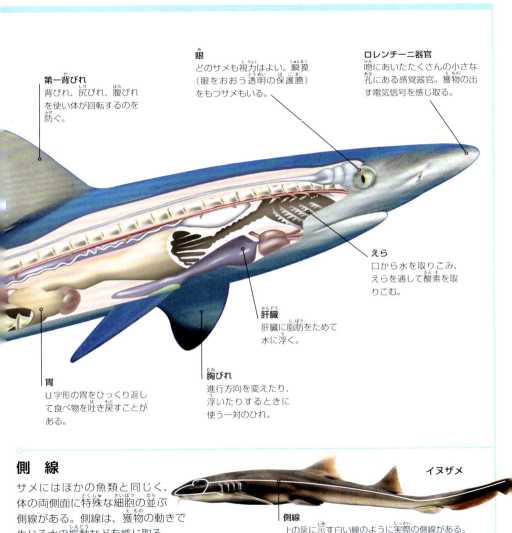

第一背びれ
背びれ、尻びれ、腹びれを使い体が回転するのを防ぐ。

眼
どのサメも視力はよい。瞬膜（眼をおおう透明の保護膜）をもつサメもいる。

ロレンチーニ器官
吻にあいたたくさんの小さな孔にある感覚器官。獲物の出す電気信号を感じ取る。

えら
口から水を取りこみ、えらを通して酸素を取りこむ。

肝臓
肝臓に脂肪をためて水に浮く。

胃
U字形の胃をひっくり返して食べ物を吐き戻すことがある。

胸びれ
進行方向を変えたり、浮いたりするときに使う一対のひれ。

側　線

サメにはほかの魚類と同じく、体の両側面に特殊な細胞の並ぶ側線がある。側線は、獲物の動きで生じる水の振動などを感じ取る。

イヌザメ

側線
上の図に示す白い線のように実際の側線がある。

感　　覚

吻の表面にある黒い点がロレンチーニ器官

サメが地球上でも屈指の捕食者でいられるのは、とても優れた感覚をもつからです。人間と同じ五感（視覚、触覚、味覚、聴覚、嗅覚）のほかに電気信号も感じ取り、獲物の居場所を突き止めます。

アオザメ

電　気

どのような生物でもわずかに電気を発生している。サメはロレンチーニ器官という特殊な器官で生物の出す電気信号を感じ取り、近くにいる獲物を見つける。ロレンチーニ器官は、吻の上に広がる数千個の孔の奥にある袋状の器官で、それぞれが網の目のようにつながっている。孔からひろった電気信号は網の目を通じて脳に伝わり、サメは獲物の正確な位置を知る。

前鼻弁

海底の近くに生息するサメの中にはひげのような感覚器官、前鼻弁をもつものもいる。獲物の出す化学物質を前鼻弁で味わったり、かいだりする。また前鼻弁をひきずって、海底に埋もれている海生動物が起こす振動を感じ取ることもできる。

コモリザメの前鼻弁

アカシュモクザメの眼

広い視野

ほとんどのサメは視力がとてもよい。薄暗い中でもよく見ることのできるサメもいる。さらにシュモクザメにはもうひとつ強みがある。眼が離れてついているので視野が広く、左右だけでなく上や下も常にしっかり見ることができる。

ポートジャクソンネコザメの鼻

かぐ

サメの嗅覚はとても発達している。中には、数百メートル離れた場所に血を1滴落としただけでも感じ取ることのできる種もいる。人間が片方の耳で音のする方向を聞きわけるのと同じように、サメも片方の鼻の穴で匂いを感じ取り瞬時に獲物のいる方向をかぎわける。

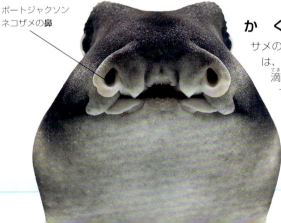

歯とあご

サメの歯は種によって形も大きさもさまざまで、使い方も異なります。湾曲した長い歯はぬるぬるした魚をつかむのに便利です。ノコギリのようなぎざぎざの歯は獲物の肉をかみ切るのに使います。小さな歯で水から獲物をこし取るサメもいるし、平らな歯で獲物のかたい殻を砕くサメもいます。

ウバザメには 1,500 本もの歯がある

かまない

ウバザメやメガマウスザメは体の大きさは最大級だが、食べるのは被食者の中でも一番小さな生物、プランクトン。どちらのサメも、歯をふるいのように使って海水からプランクトンをこし取るろ過食者だ。

オオワニザメ

針のように鋭い歯

ぬるぬるした魚やイカを食べるサメは獲物をしっかりつかまなければならない。先のとがった長い歯は獲物の体をがっちりはさむのにちょうどよい。

たくさんの歯

サメのあごは頭蓋骨とゆるくつながっているだけなので、サメはあごを前に突き出し、大口をあけてかみつくことができる。鋭い歯が何列にも並んでいるため獲物は逃げられない。

ポートジャクソンネコザメ の平らな歯

砕き壊す

カニや二枚貝などの貝類を食べるサメは、獲物の体を守るかたい殻をなんとかしなければならない。このようなサメはあごの奥に生える平らな歯で獲物のかたい殻を砕く。

イタチザメの歯とあご

ホホジロザメ

両刃ノコギリ

アザラシなど海生哺乳類を食べるサメには三角形の歯が生える。縁がノコギリのようにぎざぎざになっているので、獲物の肉をずたずたに引き裂くことができる。

歯とあご | 9

泳ぎ

サメは海生生物の中でも泳ぎが速いです。尾を左右にふって突き進んでいきます。サメが泳ぐのは獲物をつかまえるためだけではありません。泳ぐことによってえらから流れこむ水を利用して呼吸をするためでもあります。

Sの字泳ぎ

サメは泳ぐとき体をSの字に曲げて前に進む。胸びれを使って浮き上がったり、方向を変えたりする。ひれをはためかせることはできないが、角度をわずかに変えて上下、左右に動く。

1. 体の筋肉を縮め、頭を片方に曲げる。

ハナカケトラザメ

2. 頭を反対方向に向けると、体の中ほどが湾曲する。

一歩ずつ進む

サンゴ礁の近くや海底に生息するサメは胸びれを使って泳ぐだけでなく歩くこともある。ひれで体をひっぱり上げながらサンゴ礁や海底を歩き回り獲物を探す。

マモンツキテンジクザメ

泳がないと死んでしまっている

サメはえらを使い水から酸素を取りこんで呼吸をする。ほとんどのサメは泳ぎながら水を飲みこみ、えらに水を取り入れる。ところがこのようなしくみが備わっていないアオザメなどは、泳ぎ続けることによって水をえらの上に押し通して呼吸をする。

えら孔
開いたり閉じたりして水を出す

アオザメ

3. 最後に尾が湾曲して、一気に速く進む。

酸素ポンプ

海底にはあまり動かないサメもいる。このようなサメは酸素を取りこむために噴水孔という2本の管を使う。筋肉を動かして噴水孔から水を吸いこみ、体の下側にあるえらまで通す。

眼の後ろにある噴水孔

カスザメ

繁　　殖 はんしょく

サメの繁殖方法は3種類あります。卵を産む卵生、親と同じ姿の子を産む胎生。そして多くは両方を合わせた卵胎生です。卵胎生とは、母親の体内で卵からふ化させたのちに産む繁殖方法です。

卵の中

卵生のサメは海の中に卵を産む。海の中は流される危険があるためトラザメなどの卵は巻きひげで海藻にからみつく。しっかり固定されるので卵の中で成長する間は流される心配がない。

卵黄
サメの子
3か月

1. 左の写真はハナカケトラザメの卵。中で胚ができはじめているのがわかる。胚は卵黄嚢とつながり栄養を得ている。

巻きひげで海藻にくっつく
サメの子
7か月

2. 胚が成長し、栄養がなくなると卵黄嚢はしぼむ。卵の中に水がしみこみ、胚に酸素が届く。

生まれたての子

3. 産卵後8か月から9か月が経つと子がかえり、海に泳ぎ出す。

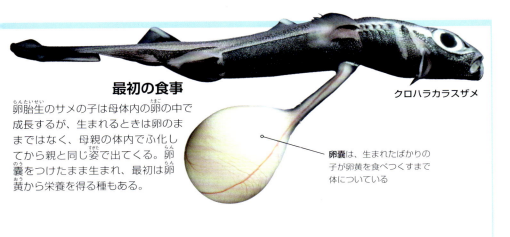

最初の食事

卵胎生のサメの子は母体内の卵の中で成長するが、生まれるときは卵のままではなく、母親の体内でふ化してから親と同じ姿で出てくる。卵嚢をつけたまま生まれ、最初は卵黄から栄養を得る種もある。

クロハラカラスザメ

卵嚢は、生まれたばかりの子が卵黄を食べつくすまで体についている

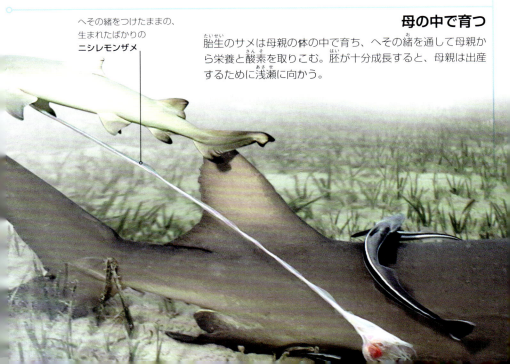

母の中で育つ

胎生のサメは母親の体の中で育ち、へその緒を通して母親から栄養と酸素を取りこむ。胚が十分成長すると、母親は出産するために浅瀬に向かう。

へその緒をつけたままの、生まれたばかりの**ニシレモンザメ**

攻撃と防御 こうげきとぼうぎょ

サメは圧倒的な速さ、強さ、機敏さを備えています。おかげでサメは地球上でも有数の恐ろしい捕食者です。サメは種によってちがう方法で攻撃します。獲物を追いかけるサメもいれば、身をひそめて獲物を待ち伏せするサメもいます。

ニタリ

オナガザメの尾

長い尾をうまく利用して、すばやく獲物におそいかかるオナガザメがいる。まずは魚の群れのまわりを回りながら、尾で群れを追いこみ寄せ集める。魚の群れが小さくまとまると一気に飛びこんで、歯で魚をつかむ。

すばやいハンター

アオザメやホホジロザメなど大きなサメは獲物を高速で追いかけつかまえる。アザラシなどの獲物を時速40km以上で追いかけたという記録も残っている。あまりに速く泳ぐので勢いあまって海面から飛び出すこともある。

アザラシをつかまえた
ホホジロザメ

見まちがい

まれにサメが人間をおそうことがある。このような場合はサメが人間をいつもの獲物と見まちがえている可能性がある。サメの眼からは、サーファーは泳いでいるアザラシに見えるのだ。

ボードの上のサーファー

アザラシ

待ち伏せ

カスザメなど海底に生息するサメの中には、獲物をつかまえるためにとくに効果的な方法を身につけたものもいる。砂の中に身をひそめる方法だ。魚が泳いでくるのをじっと待ち、十分近づいてきたところをおそいかかる。

サメハンター

サメがサメの餌食になることもある。シャチ（オルカ）はサメをおそう。アオザメやホホジロザメさえもおそわれる方になる。シャチに対する防御の策はただひとつ。遊泳能力を生かして、とにかく速く逃げること。

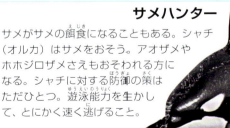
シャチ

攻撃と防御 | 15

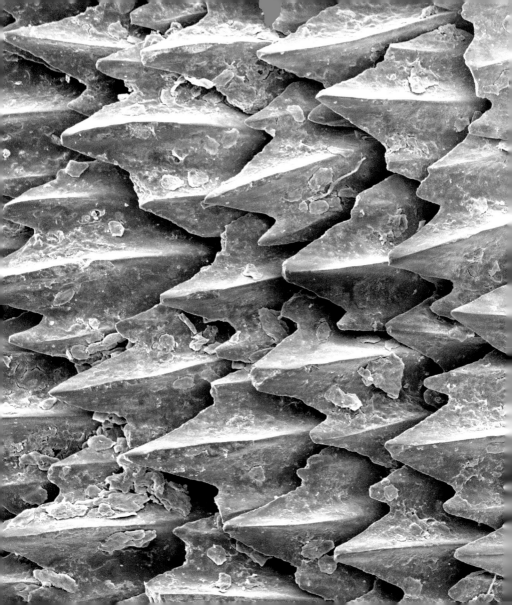

サメのうろこは**歯**に似る。
外側はエナメル質のような
物質でおおわれ、
中はやわらかい

皮歯 サメの体は皮歯とよばれるうろこでおおわれる。皮歯には、体をけがから守る鎧のようなはたらきがある。また皮歯は体の形をより流線形に近づけるので泳ぎがいっそう速くなる。

生息場所

サメは世界中の海に生息しています。川に生息する種もいます。海で生活するサメの中には暖かい海域と冷たい海域を移動する種もいますが、多くは、浅い沿岸や深い外洋など決まった場所に適応し生活しています。

サメのすみか

サメは沿岸海域、大陸棚、大陸斜面、外洋など陸から離れたさまざまな場所に分布する。沿岸に生息するサメの多くは、食べ物の豊富なサンゴ礁にいる。たいていのサメは大陸棚の上の浅い海域、あるいは海底がぐっと落ちこむ大陸斜面の上のもう少し深い海域にいる。このような場所には食べ物がたっぷりある。さらに沖の外洋に生息するサメもいる。外洋でえさを手に入れるためにはつかまえる速さが勝負となる。

サンゴ礁にはネムリブカなどがいる。

沿岸にはネズミザメ、トガリザメなどがいる。

アオザメは外洋に生息する。ホホジロザメは外洋にもいるが沿岸にも移動する。

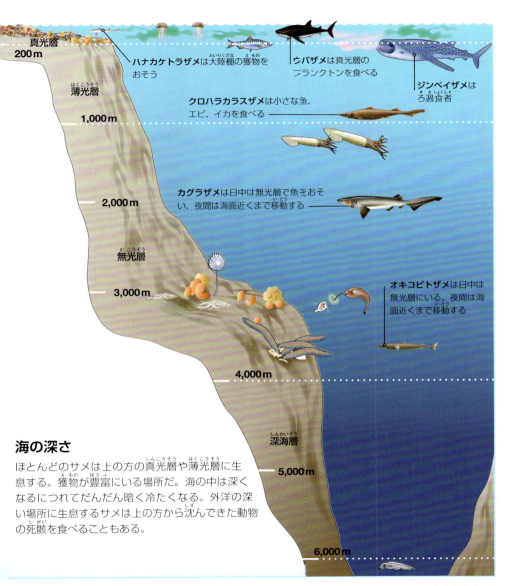

海の深さ

ほとんどのサメは上の方の真光層や薄光層に生息する。獲物が豊富にいる場所だ。海の中は深くなるにつれてだんだん暗く冷たくなる。外洋の深い場所に生息するサメは上の方から沈んできた動物の死骸を食べることもある。

回遊

多くのサメは決まった時期がくるとある場所から別の場所へ、長い時間をかけて移動（回遊）します。移動する理由は種によってちがいます。つがう相手を求めるサメもいれば、安全な出産場所を探すサメもいます。豊かなえさ場を求めて獲物となる生物の繁殖地をめざす場合もあります。

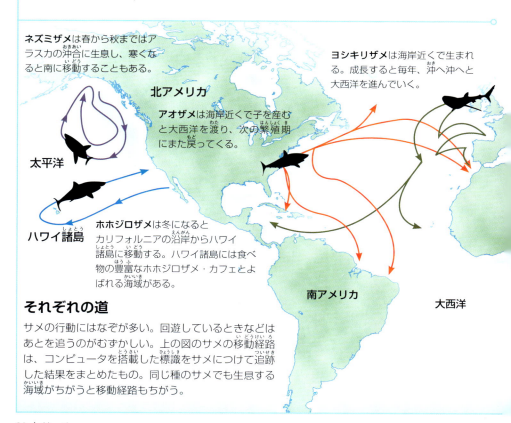

ネズミザメは春から秋まではアラスカの沖合に生息し、寒くなると南に移動することもある。

ヨシキリザメは海岸近くで生まれる。成長すると毎年、沖へ沖へと大西洋を進んでいく。

北アメリカ

アオザメは海岸近くで子を産むと大西洋を渡り、次の繁殖期にまた戻ってくる。

太平洋

ハワイ諸島

ホホジロザメは冬になるとカリフォルニアの沿岸からハワイ諸島に移動する。ハワイ諸島には食べ物の豊富なホホジロザメ・カフェとよばれる海域がある。

南アメリカ

大西洋

それぞれの道

サメの行動にはなぞが多い。回遊しているときなどはあとを追うのがむずかしい。上の図のサメの移動経路は、コンピュータを搭載した標識をサメにつけて追跡した結果をまとめたもの。同じ種のサメでも生息する海域がちがうと移動経路もちがう。

移動する理由

繁殖 つがう相手を求めて繁殖地まで移動する。

出産 雌は子を産むために浅い海域まで移動することもある。

えさ えさとなる動物の回遊するあとを追うこともある。

インド洋の**ジンベイザメ**は1年に数百から数千キロメートル、さまざまな経路で移動する。同性や同年齢でグループをつくり移動することもある。

ニコルと名づけられた**ホホジロザメ**を追跡したところ、南アフリカからオーストラリアまで1万1,000kmを99日かけて移動した。

サメの種類

→ ネズミザメ

→ ホホジロザメ

→ アオザメ

→ ヨシキリザメ

→ ジンベイザメ

サメへの脅威 サメへのきょうい

人間はサメの肉やひれを食材とするためサメ漁をします。娯楽としてサメを釣ることもあります（シャーク・ハンティング）。サメの多くが生存をおびやかされ、中には絶滅寸前の種もいます。

フカヒレ

サメのひれ（フカヒレ）のスープは中国では古くから珍味とされてきた。ひれを切り取り食材にする。とくに狙われるのがイタチザメ、マオナガ、シュモクザメ。いったんひれを切り取られたサメは泳げなくなるので、あとは死を待つほかない。

トロフィー・ハンティング

娯楽のためにサメを釣る人も多い。釣ったあとはあごや歯を戦利品として切り取る。とくに標的とされるのがホホジロザメ。海一番の恐ろしい捕食者と考えられているからだ。

サメの歯でつくったネックレス

ジンベイザメ

標識

サメの保護はむずかしい。ほとんどの種に関して、わからないことが多いからだ。そこで背びれに電子標識をつけてサメの行動や動きを観察する研究が行われている。生活のようすがわかれば、サメを守る計画も立てやすくなる。

ペレスメジロザメに標識をつける科学者

飼育

絶滅寸前のサメを飼育しながら繁殖させれば危機から救うことができる。ところがほとんどのサメは水槽の中では長い時間生きていけない。呼吸をするため酸素を十分に含んだ水を大量に必要とするからだ。水槽で飼われたとしてもほとんどのサメは数か月もすると野生に返される。

サメへの脅威 | 23

古代のサメ

化石を調べるとサメは4億年以上前には生存していたことがわかります。サメの化石でもっともよく見つかる体の部分は歯です。サメの歯は一生の間に何度も生え変わるからです。現代にも祖先ととてもよく似たサメがいます。まわりの環境の中でうまく生き続けることができ、生活のしかたを変えなくてもよかったサメです。

クラドセラケ
Cladoselache

クラドセラケは3億7000万年前に生きていた。体の形には、現代のネズミザメのなかまとラブカの両方と同じ特徴がある。ただし、ひれ、口、眼のまわり以外にうろこはない。

大きさ 1.5m
生息場所 外洋
分布 北アメリカとヨーロッパで化石が産出している

ヒボダス
Hybodus

ヒボダスは1億6500万年前、世界中の浅い海で生息していた。ヒボダスには2種類の歯があった。鋭い歯で魚を引き裂き、平らな歯で軟体動物などのかたい殻を砕いた。

大きさ 2.5m
生息場所 浅い海
分布 アジア、ヨーロッパ、アフリカ、北アメリカで化石が産出している

メガロドン
Megalodon

メガロドンは 150 万年以上前に生きていた、史上最大級の捕食者。外形はホホジロザメに似る。メガロドンは魚のひれを引きちぎり、巨大なウミガメの殻をひとかみで砕いた。

大きさ 20m
生息場所 外洋
分布 世界中

ステタカントゥス
Stethacanthus

3 億 6000 万年以上前に海を泳ぎ回っていたステタカントゥスにはとても目立つ特徴がある。一風変わった形の背びれだ。金床やアイロン台にも似た丸くふくらんだ形の背びれは雄にしか見られない。おそらく交尾の際、雌を引きつけるために使われたのだろう。

大きさ 2m
生息場所 外洋
分布 北アメリカとスコットランドで化石が産出している

古代のサメ | 25

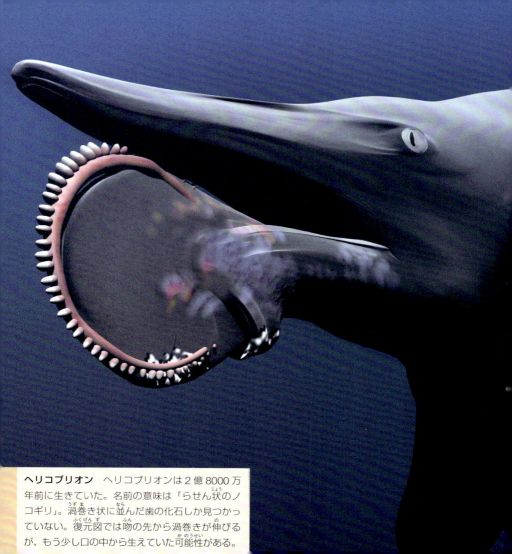

ヘリコプリオン ヘリコプリオンは2億8000万年前に生きていた。名前の意味は「らせん状のノコギリ」。渦巻き状に並んだ歯の化石しか見つかっていない。復元図では吻の先から渦巻きが伸びるが、もう少し口の中から生えていた可能性がある。

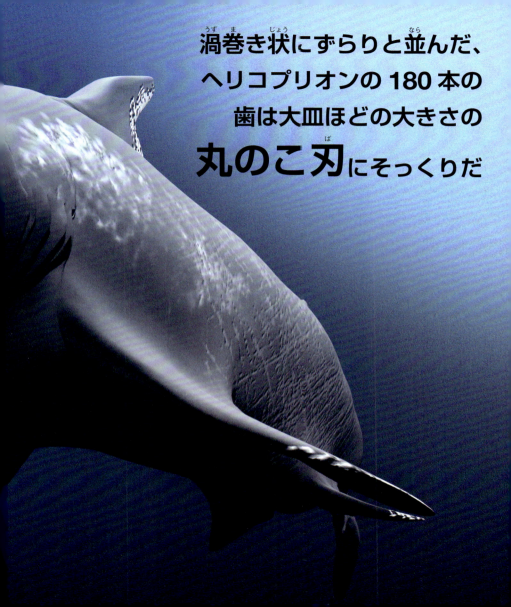

渦巻き状にずらりと並んだ、ヘリコプリオンの180本の歯は大皿ほどの大きさの丸のこ刃にそっくりだ

サ　メ

サメのなかまには世界で一番大きな魚もいますが、そこまで大きなサメばかりではありません。体長わずか21cmのペリーカラスザメから18mにも成長するジンベイザメまで、サメには450種以上のなかまがいます。サメは世界中のどの海にも生息しています。川で生活するサメもいます。すべて肉食です。ホホジロザメ（左写真）などには恐ろしい噂もありますが、多くのサメは人間には危害を加えません。

ペレスメジロザメ
ほとんどのサメは日中に活動するがペレスメジロザメは日中は休み、夜間に獲物をおそう。

サメの分類

現在、世界には 450 種以上のサメがいます。体の特徴に基づいて、下の図のように八つのグループ（目）に分けられます。

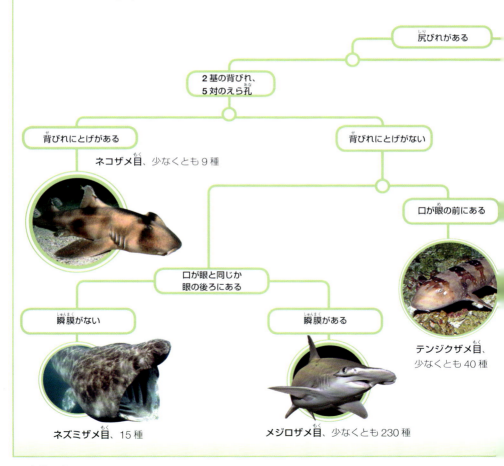

- 尻びれがある
  - 2 基の背びれ、5 対のえら孔
    - 背びれにとげがある
      - **ネコザメ目**、少なくとも 9 種
    - 背びれにとげがない
      - 口が眼の前にある
        - **テンジクザメ目**、少なくとも 40 種
      - 口が眼と同じか眼の後ろにある
        - 瞬膜がない
          - **ネズミザメ目**、15 種
        - 瞬膜がある
          - **メジロザメ目**、少なくとも 230 種

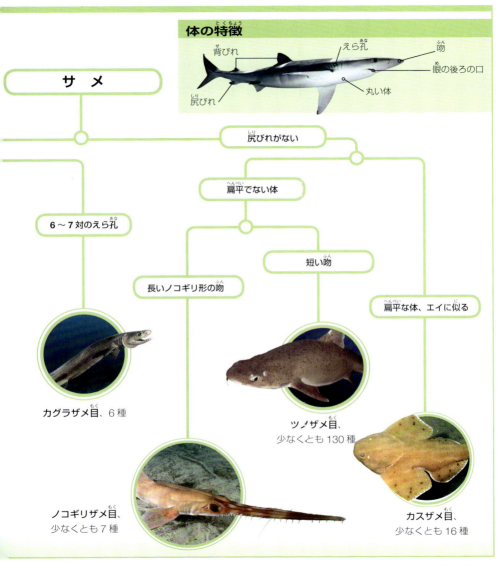

カグラザメ目

クラドセラケなど古代のサメと同じような特徴をもつラブカ科とカグラザメ科はカグラザメ目に含まれます。カグラザメ目のなかまは6種しかいません。

ここに注目！
特 徴

カグラザメ目にはほかのサメとはちがう特徴がたくさんある。

▲えら孔が6または7対ある。ほかのサメは5対。

▲背びれは1基だけ。ほかのサメは2基。

▲カグラザメ目ラブカの尾は、ひだのあるリボンのような、変わった形をしている。

ラブカ
Chlamydoselachus anguineus

首に6対のえら孔

えら孔の間の膜がひだ状になっている。あまり上手に泳げず、弱ったイカや死んだイカを食べる。ところがヘビのように体をくねらせ、突然獲物におそいかかり驚かせることもできる。

大きさ	0.9〜1.2m
生息場所	大陸棚、水深1,000mまでの大陸斜面
分布	西大西洋、東大西洋、西太平洋、中央太平洋、東太平洋

エビスザメ
Notorynchus cepedianus

えらが7対のサメは2種類しかいない。エビスザメはそのうちの1種類なので簡単に区別できる。海底付近を一定の速さで泳ぎまわり、獲物を見つけるとおそいかかる。

大きさ　1.5〜3m
生息場所　沿岸、水深136m以上の外洋
分　布　南西大西洋、南東大西洋、インド洋、西太平洋、東太平洋

カグラザメ
Hexanchus griseus

カグラザメは光にとても敏感だ。日中は無光層を泳ぎ、夜になると上の方に移動する。

大きさ　4.8m以下
生息場所　大陸棚から水深2,000mまで
分　布　西大西洋、東大西洋、インド洋、太平洋

エドアブラザメ
Heptranchias perlo

エドアブラザメは比較的小型の種。日中よりも夜間の方が活発になる。小さなサメ、エイ、魚を食べるが、大きなサメに食べられる。

大きさ　85cm
生息場所　大陸棚、水深1,000mまでの大陸斜面
分　布　大西洋、インド洋、太平洋

ツノザメ目

ツノザメ目に含まれる科は、ツノザメ、キクザメ、アイザメ、オンデンザメ、カラスザメ、オロシザメ、ヨロイザメの7科です。

ここに注目！
特　徴

とても変わった特徴をもつツノザメがいます。

フトツノザメ
Squalus mitsukurii

体には白点がなく、体色は真珠光沢のある灰色一色。生息する海域によっては冬の間、繁殖地を求めて大きな集団で移動することがある。

大きさ　0.7〜1m
生息場所　大陸棚から水深950mまで
分　布　大西洋、インド洋、太平洋

アブラツノザメ
Squalus acanthias

ほとんどのサメが1匹または小さな集団で生活するが、アブラツノザメは数千匹の集団で行動する。かつては世界でもっとも生息数の多いサメだったが、食用にするため乱獲され少しずつ減ってきた。現在では場所によっては生存が危ぶまれている。

大きさ　0.6〜2m
生息場所　大陸棚から水深1,500mまで
分　布　大西洋、太平洋

▲ アブラツノザメの2基の背びれには、粘液でおおわれた鋭いとげがある。粘液に毒成分が含まれることから、とげには身を守るはたらきがあると考えられている。

▲ カラスザメには光をつくる器官がある。生物が光を放つ現象を生物発光という。カラスザメは深海に生息することから、暗がりで獲物をおびき寄せるために発光すると考えられている。

アブラツノザメは成魚になってから100年以上も生き続けることができる。

ツノザメ目 | 35

アイザメ
Centrophorus atromarginatus

アイザメは同じアイザメ科の少し大きなウロコアイザメとよくまちがわれる。どちらも体色が灰色または灰茶色で、皮歯は重ならずしき石のように並んでいるからだ。区別する手がかりはひれ。アイザメのひれには黒い部分があり、ウロコアイザメにはない。

大きさ 60cm
生息場所 水深450mまでの大陸棚
分布 北インド洋、東インド洋、西太平洋

オキナワヤジリザメ
Centrophorus moluccensis

オキナワヤジリザメは魚や甲殻類（カニ、エビ、ロブスターなどかたい殻をもつ動物）を食べる。地域によっては食用とするため乱獲されている。

大きさ 0.9〜1.4m
生息場所 大陸棚、水深820mまでの大陸斜面
分布 西インド洋、東インド洋、西太平洋、南西太平洋

ヒゲツノザメ
Cirrhigaleus barbifer

ヒゲツノザメは長い前鼻弁を引きずって海底にいる獲物を探す。前鼻弁は、砂の下に隠れている動物が出す化学物質を感じ取る。

大きさ 0.8〜1.2m
生息場所 水深640mまでの大陸斜面
分布 西太平洋

ロングスナウトドッグフィッシュ
Deania quadrispinosum

ロングスナウトドッグフィッシュはヘラツノザメのなかま。体色は濃い茶色、灰色、黒色。とても大きな吻と、鋭い切歯の生えたあごをもつ。

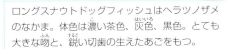

大きさ 0.8〜1.1m
生息場所 大陸棚、水深360mまでの大陸斜面
分布 南東大西洋、西インド洋、東インド洋、南西太平洋

ヘラツノザメ
Deania calcea

ヘラツノザメの吻は扁平で長い。ヘラツノザメは卵胎生。1回の出産で12匹ほどの子を産む。

大きさ 0.8〜1.2m
生息場所 水深1,450mまでの大陸斜面
分布 北大西洋、東大西洋、北西太平洋、西太平洋、東太平洋

吻の幅は体の幅とほぼ同じ

ブラックドッグフィッシュ
Centroscyllium fabricii

ブラックドッグフィッシュは先のとがったぎざぎざの歯で、甲殻類のかたい体や小さな硬骨魚をつかんで砕く。背びれには溝の入ったとげが並ぶ。とげには弱い毒が含まれているようだ。

大きさ 0.5～1m
生息場所 大陸棚から水深1,600mまで
分 布 西大西洋、東大西洋、北大西洋

フジクジラ
Etmopterus lucifer

フジクジラは小型のサメ。外洋の深い場所で大きな群れをつくることが多い。腹部は発光する。光を放つことによって暗い水の中でたがいを見つけ、群れで行動すると考えられている。

大きさ 42cm以下
生息場所 大陸棚から水深1,360mまで
分 布 西太平洋、南西太平洋

カラスザメ
Etmopterus pusillus

カラスザメの上あごの歯には最高で3個の突起がある。下あごの歯は突起が1個でナイフのような形をしている。海底に生息し、魚の卵、イカ、ハダカイワシなどの深海魚を食べる。

大きさ 50cm
生息場所 大陸斜面から水深2,000mまで
分布 西大西洋、東大西洋、西インド洋、西太平洋

クロハラカラスザメ
Etmopterus spinax

クロハラカラスザメは名前のとおり腹部の色がほかの部分よりも濃い。若いうちは浅い場所で生息し、成長するにつれて、食べ物をめぐる競争が少ない深い場所に移動する。

大きさ 40cm以下
生息場所 大陸棚から水深2,000mまで
分布 東大西洋

ワニグチツノザメ
Trigonognathus kabeyai

ワニグチツノザメは口を開けたまま前に進み、水も獲物もいっしょに丸のみする。このような捕食方法をラム・フィーディングという。

大きさ 54cm以下
生息場所 大陸棚から水深360mまで
分 布 中央太平洋、北西太平洋

ニュージーランドランタンシャーク
Etmopterus baxteri

ニュージーランドランタンシャークは硬骨魚、イカ、エビやカニなどの甲殻類を食べる。成長して大きくなると食が変わり、甲殻類よりも硬骨魚を多く食べるようになる。

フトカラスザメ
Etmopterus princeps

フトカラスザメはほかの多くのランタンシャーク（カラスザメのなかま）とちがい、体の横に破線のような模様がなく、頭の上に淡黄色の斑点もない。海底に生息し、おもにイカ、エビ、カニを食べると考えられている。

大きさ 55〜75cm
生息場所 大陸斜面から水深4,500mまで
分 布 北大西洋、南東大西洋

大きさ　55〜88cm
生息場所　外洋、大陸棚、水深1,400mまでの大陸斜面
分布　南西太平洋、南東大西洋

先の湾曲した皮歯の並ぶ尾びれ

ヒレタカフジクジラ
Etmopterus molleri

ヒレタカフジクジラの腹部は輝いて見える。とても細く、漁網の穴を通り抜けるので、あまり捕獲されない。

大きさ　46cm
生息場所　大陸棚、大陸斜面、水深860mまでの外洋
分布　西インド洋、西太平洋、南西太平洋

トゲニセカラスザメ
Etmopterus granulosus

トゲニセカラスザメの頭は広く、体には先のとがった皮歯が並ぶ。体と尾の下側に黒い模様がある。硬骨魚、イカ、エビ、カニを食べる。エビ漁でエビといっしょに捕獲されることがある。

大きさ　41cm
生息場所　大陸棚から水深640mまで
分布　南アメリカ南部周辺の海

ニシオンデンザメ
Somniosus microcephalus

ニシオンデンザメは有毒だが、アイスランドでは珍味とされる。12週間ほど地面に埋めて毒を抜く。

北極の凍るような海で生活するニシオンデンザメはゆっくり泳ぐ。エネルギーの消もうを抑えるためだ。200年も生きることがあるらしい。

大きさ 3〜7.3m
生息場所 大陸棚、水深2,200mまでの大陸斜面
分布 北極海、北大西洋

マルバラユメザメ
Centroscymnus coelolepis

マルバラユメザメはもっとも深い場所に生息するサメの一種。雄はたいてい深い場所で生活し、妊娠中の雌は浅い場所にとどまる。鋭い歯で大きな獲物をかみ切る。

大きさ　0.75 〜 1m
生息場所　大陸斜面から水深 3,700m まで
分　布　大西洋、インド洋、西太平洋

フンナガユメザメ
Centroselachus crepidater

フンナガユメザメの生息数が減ってきている地域がある。肝臓に含まれる油性物質スクアレンが化粧品や医薬品の原料とされるため乱獲されているからだ。

大きさ　1.3m
生息場所　水深 1,300m までの大陸斜面
分　布　東大西洋、インド洋と太平洋の一部

アングラーラフシャーク
Oxynotus centrina

めずらしい種で、生態はよくわかっていない。アングラーは「角ばった」という意味。頭とひれがとがっていることに由来する。魚粉（肥料や動物用飼料）や油の原料にされる。乾燥や塩漬けを

して食用にもされる。

大きさ 0.5〜1.5m
生息場所 大陸棚、水深660mまでの大陸斜面上部
分布 東大西洋、黒海を除く地中海

セイルフィンラフシャーク
Oxynotus paradoxus

セイルフィンラフシャークは深い場所に生息する。春になると繁殖のために大陸棚まで上がってくる。魚や海底に生息する小さなエビやカニを食べる。

大きさ 1.2m以下
生息場所 水深720mまでの大陸斜面
分布 北東大西洋

ミナミオロシザメ
Oxynotus bruniensis

ミナミオロシザメの皮ふはとげのような大きな皮歯でおおわれる。上あごの槍のような歯と、下あごの刃のような歯で、エビやカニや魚をつかまえて切りつける。

背びれの中から生えるとげ

大きさ　60〜90cm
生息場所　大陸棚外縁から水深1,070mまで
分布　南西太平洋

ミナミオロシザメは泳ぎがあまり得意でない。肝臓に脂肪をためこんでいるおかげで海底から浮き上がることができる。

ツノザメ目 | 45

ヨロイザメ
Dalatias licha

ヨロイザメは群れないで単独でカニや魚、エイやほかのサメをおそう。下あごにずらりと並んだナイフのような大きな歯で、自分よりも大きな獲物をかじる。

大きさ 0.8〜1.6m
生息場所 大陸棚外縁から水深1,800mまで
分 布 東大西洋、西大西洋、中央太平洋、西太平洋、西インド洋

ダルマザメ
Isistius brasiliensis

ダルマザメの口は丸い。強いあごとノコギリのような下あごの歯で獲物にかみつき丸いクッキーの形にくいちぎる。体の下側には発光器があり、大きな捕食者が獲物とまちがえて引き寄せられる。すると一転してダルマザメは捕食者になり、おそいかかる。

大きさ 56cm以下
生息場所 外洋の島のまわり、水深3,500mまでの外洋
分布 大西洋、太平洋、インド洋

鋭い歯の生えた丸い口

オキコビトザメ
Euprotomicrus bispinatus

オキコビトザメはサメの中ではとても小さい部類に入る。日中は無光層を泳ぎ、イカ、硬骨魚、甲殻類を食べ、夜になると海面まで上がってくる。

大きさ 17〜27cm
生息場所 水深9,940mまでの外洋
分布 南大西洋、南インド洋、太平洋

ノコギリザメ目

ノコギリザメ目には少なくとも7種が含まれます。ノコギリザメ目で一番目立つ特徴は、さまざまな長さの歯の生えた、ノコギリのような長い吻です。ノコギリザメの外見はノコギリエイとそっくりですが、ノコギリエイの歯は長さがそろっています。

ノコギリザメ
Pristiophorus japonicus

ノコギリザメ目の多くの種は前鼻弁を引きずって海底に隠れているカニなどの甲殻類を探し出し、吻で掘り起こして食べる。ノコギリザメは日本、韓国、中国の近海に生息する。

大きさ 0.8〜1.5m
生息場所 大陸棚から水深800mまで
分布 北西太平洋

トロピカルソーシャーク
Pristiophorus delicatus

トロピカルソーシャークは2008年に独立した種として分類されるようになったためずらしいノコギリザメのため、生態はよくわかっていない。オーストラリア、クィーンズランド州沿岸の限られた海域にしか生息しない。

大きさ 85cm以下
生息場所 大陸棚外縁、水深405mまでの大陸斜面上部
分布 北東オーストラリア沿岸

ここに注目！
吻

ノコギリザメの吻は強力な、ときには殺傷能力の高い武器になる。

▲ ノコギリザメの長い吻は獲物を攻撃する武器にも、捕食者から身を守る武器にもなる。鋭い歯が刃のはたらきをして肉を切り裂き、相手に致命的な傷を負わせる。

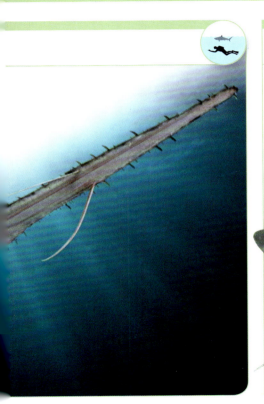

ミナミノコギリザメ
Pristiophorus cirratus

ミナミノコギリザメは卵胎生で、一度に3〜22匹の子を出産する。生まれた直後の子の歯は母親を傷つけないよう、吻に寄せて折りたたまれている。ミナミノコギリザメは小さな硬骨魚、ときにはカニやエビなどの甲殻類を食べる。

大きさ 1.5m以下
生息場所 大陸棚から水深310mまで
分布 東インド洋、太平洋

— 吻に生える前鼻弁

ノコギリザメ目 | 49

カスザメ目

カスザメ目には少なくとも16種が含まれます。どのカスザメもほかのサメとは外形が大きくちがいます。平たい体や広い胸びれを生かして、獲物を待ち伏せするために砂の中に上手に隠れます。

ここに注目!
特徴

カスザメは変わった適応をしているおかげで、上手に身をひそめて獲物におそいかかることができる。

▲ カスザメは平たい体と保護色の体色を生かして海底に身をひそめる。

▲ カスザメが砂の中に潜るときは噴水孔だけ外に出して呼吸をする。

▲ ほかのサメとちがいカスザメは背びれと尾びれを砂の上に横倒しにできる。

ホンカスザメ
Squatina squatina

絶滅危惧種

ホンカスザメは砂や石の多い海底、または海藻の茂る海底に生息し、砂の下に身を隠して獲物を待つ。おもにカレイのなかまやガンギエイ、甲殻類、軟体動物を食べる。

大きさ 0.8〜2.4m
生息場所 水深150mまでの大陸棚
分布 北大西洋、地中海、黒海

カスザメ
Squatina japonica

カスザメの体の前半分はエイにそっくりだが、後ろはサメそのもの。カスザメのなかまは「首」を伸ばして、頭の上を泳ぐ魚をがぶりと飲みこむ。

大きさ　2m以下
生息場所　水深300mまでの大陸棚
分布　北西太平洋

オーストラリアカスザメ
Squatina australis

オーストラリアカスザメは卵胎生で、一度に20匹ほどの子を出産する。先の丸い吻と鼻孔は皮ふ弁で縁取られる。オーストラリアカスザメは皮ふ弁を利用して触覚や味覚、嗅覚で獲物を感知しているようだ。

大きさ　1.5m以下
生息場所　大陸棚から水深260mまで
分布　南東インド洋、南西太平洋

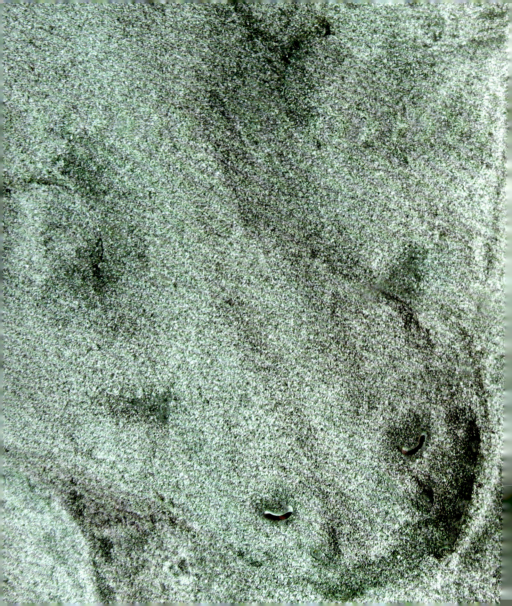

カスザメは眼だけを出して上手に潜るので砂とほぼ見分けがつかない

カスザメ
カスザメは海底で生活する底生生物。砂の中に隠れて待ち伏せし、近づいてきた獲物におそいかかる。英語名エンジェルシャークは、広い胸びれと腹びれが天使の翼に似ていることに由来する。

カリフォルニアカスザメ
Squatina californica

カリフォルニアカスザメが砂の下から現れ、通りかかった魚をあごにおさめるまでの所要時間はわずか0.1秒。

カリフォルニアカスザメは平らな砂底や岩礁に多く生息する。吻についている円錐形の前鼻弁でほかのカスザメと区別できる。カリフォルニアカスザメは夜間にプランクトンの出す光を利用して獲物を見つける。ある種のプランクトンの集団は、魚が通ると発光する。その光がカリフォルニアカスザメに魚のいる場所を教えてくれる。

大きさ 1〜1.5m
生息場所 水深200mまでの大陸棚
分布 北東太平洋、南東太平洋

吻についている前鼻弁

カリブカスザメ
Squatina dumeril

平らな体と翼のようなひれをもつカリブカスザメはエイとよくまちがわれる。カリブカスザメは卵胎生。1回の出産で25匹ほどの子を産む。

大きさ 0.9～1.5m
生息場所 大陸棚から水深250mまで
分 布 北西大西洋、メキシコ湾

オルネイトエンジェルシャーク
Squatina tergocellata

オルネイトエンジェルシャークはおもに魚やイカを食べる。中には有毒の獲物もいるので、毒の作用を和らげるはたらきのある泥も飲みこむ。

大きさ 1.4m以下
生息場所 大陸棚から水深400mまで
分 布 南東インド洋

ネコザメ目

ネコザメ目には少なくとも9種が含まれます。丸く短い頭をもち、多くはカニやエビなどの甲殻類を食べます。

ここに注目！
特　徴

ネコザメ目にはほかのサメとはちがう特徴がいくつかある。

メキシコネコザメ
Heterodontus mexicanus

メキシコネコザメの体は細長い。漁の対象とされ、肉や皮が利用される。卵には巻きひげがある。流されないよう巻きひげで岩や海藻にからみつく。

大きさ　40〜50cm
生息場所　水深50mまでの大陸棚
分　布　東太平洋

ポートジャクソンネコザメ
Heterodontus portusjacksoni

ポートジャクソンネコザメの体色は薄い灰茶色。濃い茶色の帯状の模様がある。夜間、えさを食べるときに一番活動する。肉もひれもあまり質がよくないとされ、漁の対象にはならない。

大きさ　75cm
生息場所　水深245mまでの沿岸の岩礁
分　布　東インド洋、南西太平洋

▲ ネコザメの2基の背びれの前端には小さなとげがある。

▲ ネコザメはあごの奥にある平らな歯で、獲物のかたい殻を砕く。

▲ ネコザメの卵はらせん形をしているので、岩のすき間などにうまくはさまり捕食者から逃れられる。

カリフォルニアネコザメ
Heterodontus francisci

カリフォルニアネコザメはゆっくり泳ぐ捕食者。夜間に獲物をおそい、日中は岩陰などに隠れる。水族館で飼育されると12年以上生きることもある。水族館では教育や鑑賞のための展示をする一方で、存続が危ぶまれるサメを保護し育てる活動もしている。

大きさ 56〜61cm
生息場所 水深150mまでの大陸棚
分布 東太平洋

カリフォルニアネコザメのひれのとげは宝飾品の材料に利用される。

シマネコザメ
Heterodontus zebra

シマネコザメは名前のとおり体に黒色のしま模様がある。ほかのサメのかたい卵鞘（卵の入っている殻）を歯でかみ切る。

大きさ　0.6～1.2m
生息場所　水深220mまでの大陸棚
分　布　西太平洋、東インド洋

ネコザメ
Heterodontus japonicus

ネコザメは水族館でおなじみの種。胸びれと腹びれを使って海底を「歩き」、えさを探す。

大きさ　0.7～1.2m
生息場所　水深40mまでの大陸棚
分　布　北西太平洋

ガラパゴスネコザメ
Heterodontus quoyi

ガラパゴスネコザメは夜行性の捕食者。日中は海底の岩棚でよく休んでいる。夜になると貝やカニや軟体動物などのえさを求めて泳ぎ回る。

大きさ　0.5～1m
生息場所　水深30mまでのサンゴ礁
分　布　東太平洋

オデコネコザメ
Heterodontus galeatus

オデコネコザメは限られた場所でしか生息しないめずらしい種。眼の上の隆起と、濃い色のしみのような模様を見ればほかのサメと区別できる。ポートジャクソンネコザメの卵を食べる。

大きさ 60cm
生息場所 水深95mまでの大陸棚
分布 西太平洋

写真はかたい卵鞘を前歯でかむオデコネコザメ。奥の歯で卵鞘を砕き、中の卵を吸いこむ。

テンジクザメ目

ここに注目！
特徴

テンジクザメ目には体にいろいろな模様のある種が多い。

テンジクザメ目には40種以上が含まれます。体長33cmのヒゲザメから18mにもなる世界最大の魚ジンベイザメまでさまざまな大きさの種がいます。

▲ トラフザメの白い体には茶色の斑点が散らばる。

▲ ジンベイザメの体には斑点と格子からなる独特の模様がある。

▲ オオセの模様は体の輪郭を見えにくくするので、岩礁にうまく隠れることができる。

ヒゲナシクラカケザメ
Parascyllium collare

ヒゲナシクラカケザメのえらの上には濃い茶色または黒色の太いしま模様が広がる。しま模様の部分には、ネックレスクラカケザメとはちがい白い斑点がない。

大きさ 87cm以下
生息場所 水深160mまでの大陸棚
分布 南西太平洋

ネックレスクラカケザメ
Parascyllium variolatum

ネックレスクラカケザメは小型の種。えらの上に広がるはっきりしたしま模様には白い斑点が散らばりネックレスのように見える。おもに硬骨魚、カニ、ロブスター、イセエビ、エビ、オキアミ、軟体動物を食べる。

大きさ　90cm以下
生息場所　水深180mまでの大陸棚
分布　東インド洋、南西太平洋

ブルーグレイカーペットシャーク
Heteroscyllium colcloughi

ブルーグレイカーペットシャークはオーストラリアの東海岸にしか生息しないめずらしい種。生まれてしばらくは白地に黒いしま模様があるが、成魚になるにつれ消える。

大きさ　50〜75cm
生息場所　近海の大陸棚
分布　西太平洋

シロボシホソメテンジクザメ
Brachaelurus waddi

シロボシホソメテンジクザメは小さくてずんぐりしている。水から出ると眼を閉じる。引き潮などで取り残され海水がほとんどない状態でも18時間ほどは生きていける。

大きさ　60〜70cm
生息場所　水深110mまでのサンゴ礁
分布　西太平洋

ジンベイザメ
Rhincodon typus

オオテンジクザメ
Nebrius ferrugineus

オオテンジクザメは日中は洞穴や岩棚に 20 匹ほどで集まって休む。夜間に活動し、穴や割れ目に隠れている獲物を強力なあごで吸い出す。

大きさ 3.2m以下
生息場所 水深 70m までの岩底または砂底
分 布 インド-太平洋（アフリカ東部からフランス領ポリネシアまでの海域と紅海）

トラフザメ
Stegostoma fasciatum

トラフザメの稚魚にはシマウマのように茶色の体色に黄色のしまがある。成長すると黄色い体色に茶色の斑点が広がる。

広い尾びれは全長の半分ほどになる

ジンベイザメは世界最大の魚だ。大きな口で植物や動物を吸いこみ櫛のような鰓耙でこして食べる。小さなえさをろ過して食べるサメは3種類しかいない。

大きさ 6〜13.7m
生息場所 水深700mまでの外洋
分　布 熱帯海域、地中海を除く暖温帯海域

広くて平らな頭と短い吻

コモリザメ
Ginglymostoma cirratum

コモリザメは夜行性の捕食者。日中は大きな集団をつくり砂底や洞穴で休む。えさを食べたあとは毎日同じ場所に戻る。口は小さいが咽頭は大きく、獲物を一気に吸いこむ。

大きさ 3m以下
生息場所 岩礁、水深130mまでの砂底
分　布 西大西洋、東大西洋、東太平洋

大きさ 3.5m以下
生息場所 水深65mまでのサンゴ礁、岩底、砂底
分　布 インド洋、西太平洋

ジンベイザメの口は幅1.5mにもなる。口の中にはマッチの頭ほどの小さな歯が300列以上並んでいる

ジンベイザメ ジンベイザメはえらにある鰓耙を使ってプランクトンやオキアミ、小魚、イカなどをろ過する。ジンベイザメのまわりには小さな魚が泳いでいることが多い。大きなジンベイザメといっしょにいることで捕食者におそわれずにすむからだ。

オオセ
Orectolobus japonicus

オオセの体には濃淡のはっきりした模様がある。オオセは小型で夜行性。エビ、イカ、タコ、小さな魚をおそう。サメの卵も食べる。

大きさ 1m以下
生息場所 サンゴ礁、水深200mまでの岩底
分布 北西太平洋

カラクサオオセ
Orectolobus ornatus

カラクサオオセは犬歯のような歯で、硬骨魚、サメ、エイなどの獲物をつかまえる。日中は集団で休み、夜間にえさを探す。

大きさ 0.6〜1.8m
生息場所 サンゴ礁、水深100mまでの岩底
分布 南東インド洋、南西太平洋

アラフラオオセ
Eucrossorhinus dasypogon

アラフラオオセはおもに夜間に活動する。サンゴ礁の決まった場所でしか生息できない。単独で行動する。日中は洞穴や岩棚で体を休めながら、同じ場所にいる小さな魚を食べることが多い。

大きさ 1.3m 以下
生息場所 水深 40m までのサンゴ礁
分 布 東インド洋、西太平洋

メイサイオオセ
Sutorectus tentaculatus

メイサイオオセの体は不規則な斑点、いくつかの色の混ざる模様、いぼのような隆起のおかげで輪郭がはっきりせず、サンゴ礁の中にうまく紛れることができる。メイサイオオセはとても優秀な待ち伏せ型捕食者だ。

大きさ 70〜90cm
生息場所 サンゴ礁
分 布 南東インド洋

カラクサオオセは
犬歯のような歯で
大きな獲物(えもの)を突(つ)き刺(さ)し、
数日間そのままくわえ
続けることができる

カラクサオオセ
カラクサオオセはサンゴ礁や海藻の中にすっかり紛れこみ、獲物を待ち伏せる。肉質の前鼻弁を疑似餌のようにゆらして獲物をおびき寄せ、近づいてきたところを一気におそう。

イヌザメ
Chiloscyllium punctatum

イヌザメは飼育にあまり広い場所を必要としないため、水族館ではおなじみの種だ。野生では引き潮に取り残されて水から出ても数時間は生きていける。

大きさ 1.2m以下
生息場所 サンゴ礁、サンゴ礁周辺の砂底
分布 北東インド洋、東インド洋、西太平洋

シロボシテンジク
Chiloscyllium plagiosum

シロボシテンジクについてはよくわかっていないが、食用や漢方薬の原料としてよく漁業の対象となる。甲殻類や硬骨魚を食べる。

大きさ 95cm以下
生息場所 サンゴ礁、サンゴ礁周辺の砂底
分布 インド洋、西太平洋

マモンツキテンジクザメ
Hemiscyllium ocellatum

マモンツキテンジクザメは櫂のような形の胸びれと腹びれを使ってサンゴ礁の中を「歩き」、魚、ゴカイ、カニを食べる。体の両横には、肩章(軍服の飾り)のようにも見える、白い縁取りのある大きな黒い斑点がついている。

大きさ 1.1m 以下
生息場所 水深50mまでのサンゴ礁
分 布 東インド洋、南西太平洋

パプアエポレットシャーク
Hemiscyllium hallstromi

パプアエポレットシャークはウナギのような細長い体のため狭い場所でも獲物を探しにいける。筋肉質のえらを使って、体をくねらせ海底を移動する。

大きさ 75cm以下
生息場所 サンゴ礁
分 布 赤道付近の西太平洋

ミルンベイエポレットシャークの胸びれは筋肉が発達しとても強い。胸びれで体をささえることができる。

ミルンベイエポレットシャーク
Hemiscyllium michaeli

ミルンベイエポレットシャークは2010年まで、ラジャエポレットシャークと同一の種と考えられていた。背中にヒョウのような茶色の斑点、頭の後ろにははっきりした黒色の斑点があるのでラジャエポレットシャークとは区別される。

大きさ 70cm以下
生息場所 サンゴ礁、浅瀬の砂底
分布 西太平洋（パプアニューギニア東部）

アラビアンカーペットシャーク
Chiloscyllium arabicum

アラビアンカーペットシャークは尾が長い。体も細長く円筒形に近い。サンゴ礁の中を動き回り、前鼻弁で化学物質を感知しながら獲物を探す。

大きさ 50〜70cm
生息場所 サンゴ礁、水深100mまでの砂底または岩底
分 布 北インド洋、ペルシア湾

獲物を感じ取る前鼻弁

ズキンモンツキテンジクザメ
Hemiscyllium strahani

ズキンモンツキテンジクザメの頭の色は体の色よりも薄いので頭布をかぶっているように見える。生息地が破壊されているうえに、水族館などの鑑賞魚としてつかまえられるため生存が危ぶまれている。

大きさ 50〜80cm
生息場所 水深18mまでのサンゴ礁
分 布 西太平洋（パプアニューギニア東部）

ネズミザメ目

ネズミザメ目は1億2000万年以上前から存在していました。世界でも最速級の泳ぎの達人ホホジロザメやアオザメもネズミザメ目です。

ここに注目！

歯
ネズミザメ目は種によって獲物がちがい、歯の形も異なる。

シロワニ
Carcharias taurus

シロワニは海面で空気を飲みこみ胃にたくわえ、そのままほぼ動かずに水中にとどまることができる。獲物を追うときは海の中を漂いながら静かに近づき、おそいかかる。

大きさ 2.5〜3.2m
生息場所 水深190mまでの大陸棚
分布 中央および東太平洋を除く世界中の暖かい海

ミツクリザメ
Mitsukurina owstoni

ミツクリザメは深海に生息する。あごを前に突き出して獲物を吸いこみ歯で突き刺す。

大きさ 2.6〜6.2m
生息場所 大陸棚、水深980mまでの大陸斜面
分布 太平洋、大西洋、インド洋

▲ ウバザメは小さな歯で海水からプランクトンなどの小さな生物をこし取る。

▲ ミツクリザメは口の前の方に生える鋭い歯でイカやカニ、魚を突き刺す。

▲ ホホジロザメは縁がぎざぎざで三角形の歯を使い、獲物の肉を引きちぎる。

オオワニザメ
Odontaspis ferox

オオワニザメは暖かい海域に生息する。硬骨魚、イカ、カニなどのえさを求めて回遊しながら毎年同じ場所に戻る。体の色は生息している場所によって異なる。

大きさ 2〜4.5m
生息場所 水深180mまでの大陸棚
分布 大西洋、インド洋、太平洋

> オオワニザメは脂肪をためこんだ大きな肝臓をもつので、ほとんど何もしなくても浮いたままでいられる。

ミズワニ
Pseudocarcharias kamoharai

ミズワニは深海に生息し、薄暗い中で獲物を探すため眼が大きい。あごを突き出し小さな魚などを歯で突き刺してつかまえる。

大きさ 0.7〜1.1m
生息場所 水深590mまでの外洋
分布 大西洋の熱帯海域、インド洋、太平洋

メガマウスザメ
Megachasma pelagios

メガマウスザメは日中は深海で獲物をおそい、夜間になると獲物を追いかけ海面近くに移動する。大きな口で海水を吸いこみ、鰓耙で動物プランクトンをこし取る。

大きさ 5.5〜7.1m
生息場所 近海、沖合、水深1,000mまでの外洋
分布 大西洋の温帯海域、インド洋、太平洋

ウバザメ
Cetorhinus maximus

ウバザメはジンベイザメに次いで2番目に大きな魚。ろ過食者で夏には海面近くに現れる。口を大きく開けて泳ぎながら、オキアミなどのプランクトンがいっぱいの海水を取りこむ。

ウバザメの肝臓は全体重の4分の1になる。

大きさ 7〜12.3m
生息場所 近海、水深1,270mまでの沖合
分布 大西洋の温帯海域、太平洋、インド洋の一部

ネズミザメ目 | 77

ウバザメの
妊娠期間は
3年

ウバザメ
ウバザメは日の射す海面近くを日光浴でもするかのようにゆっくり泳ぐ。そうかと思うとプランクトンを求めて水深900mまで潜ったりもする。

マオナガ
Alopias vulpinus

マオナガは長い尾びれで魚の群れを寄せ集め、気絶させてから食べにかかる。2匹で攻撃することもある。とても速く泳ぐ。ジャンプして水から全身を出すことのできる、数少ないサメの一種。

大きさ 2.7〜6m
生息場所 大陸棚から水深365mまで
分布 大西洋、インド洋、太平洋

ニタリ
Alopias pelagicus

ニタリはオナガザメ（*Alopias* 属）のなかまの中では一番小さい。マオナガと外見が似ているためよくまちがわれる。尾びれの上葉は胴体くらいの長さになることが多い。外洋に生息するが午前中は浅瀬までくる。浅瀬にはニタリの死んだ皮ふ組織や皮ふにいる寄生虫を食べる魚がいるからだ。ニタリと魚の間には体を掃除してもらい、食べ物をいただくという共生関係がある。

大きさ 2.5〜3m
生息場所 水深150mまでの外洋
分布 インド洋、南太平洋

ハチワレ
Alopias superciliosus

ハチワレの眼は大きい。光のほとんど届かない中で獲物を探すためだ。ハチワレは獲物を輪郭で見つけておそう。日中は深い場所にいて、夜間になると海面まできてえさを食べる。

大きさ 3〜4.6m
生息場所 大陸棚から水深720mまで
分 布 大西洋、インド洋、太平洋

生まれたばかりのニタリの稚魚の体長は母魚の半分ほど。

ネズミザメ
Lamna ditropis

ネズミザメはおもにサケを食べる。英語名はサーモンシャーク。ホホジロザメ、アオザメ、ニシネズミザメと同じく体温が高いので、冷たい海水の中でもかかんに獲物をおそうことができる。

大きさ 1.8〜3m
生息場所 冷たい沿岸または水深250mまでの外洋
分布 北太平洋

ホホジロザメ
Carcharodon carcharias

ホホジロザメは世界でも最大級の捕食者だが、体色のおかげで獲物からは案外見つかりにくい。獲物が下から見上げると白い腹が日光の射す水面に紛れる。横から見ると白い腹と灰色の背で光の反射がちがうため体の輪郭がぼやける。このような現象をカウンターシェーディングという。

大きさ 3.5〜6.4m
生息場所 沿岸、近海、水深1,220mまでの沖合
分布 大西洋の冷帯域から温帯域、インド洋、太平洋

ニシネズミザメ
Lamna nasus

ニシネズミザメはとても長い距離を回遊する。えさ場と繁殖場までの移動距離は2,000kmを超えることもある。

大きさ 1.5〜3m
生息場所 沿岸から水深370mの沖合まで
分布 南大西洋、南インド洋、南太平洋、南氷洋

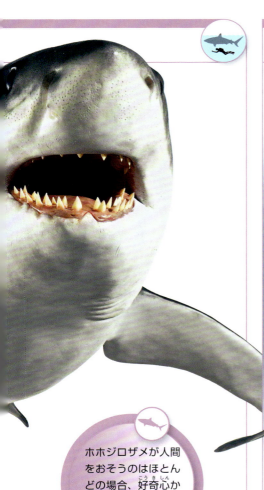

アオザメ
Isurus oxyrinchus

アオザメはとてつもない速さで下から獲物をおそう。狙った獲物の下を泳ぎながら機を見て突進し、肉を引きちぎる。突進する速さは最高で時速75kmにもなるようだ。

ホホジロザメが人間をおそうのはほとんどの場合、好奇心から。またはほかの動物と見誤ったため。

大きさ 2〜3.9m
生息場所 沿岸、水深500mまでの外洋
分布 大西洋の熱帯域から温帯域、インド洋、太平洋

ホホジロザメ ホホジロザメは世界でも屈指の有能な捕食者だ。ほかのサメと同じくロレンチーニ器官で、近くにいる獲物の出す弱い電気信号を感知する。人間が感じることのできる電場のおそらく100万分の1の弱さを感じ取れる。

100リットルの水に血を1滴落としただけでもホホジロザメはかぎつけることができる

メジロザメ目

メジロザメ目はサメの中で一番大きなグループです。トラザメ科やシュモクザメ科をはじめ8科230種以上が含まれます。

ここに注目！
生息場所
世界中のさまざまな場所にさまざまなメジロザメが生息している。

カンパヘラザメ
Apristurus kampae

生まれたばかりのカンパヘラザメの背中には大きな皮歯が2列並ぶ。卵鞘を破るための皮歯なので、しばらくすると消える。

カンパヘラザメは卵を産む。エビ、イカ、小さな魚を食べる。深海に生息し、あまり捕獲されないためくわしい生態はわからない。

大きさ 52cm以下
生息場所 水深1,900mまでの大陸斜面
分布 北東太平洋、南東太平洋

▲ ラフスキンキャットシャークは大陸棚の先の深海に生息する。

▲ サンゴトラザメはサンゴ礁の穴や岩の割れ目を好む。

▲ オグロメジロザメは岩礁の外側や海岸近くで獲物をおそうことがある。

アキヘラザメ
Apristurus profundorum

アキヘラザメは小さくて動きが遅い。平らで厚い吻をもつ。皮ふがけばだったような組織のため輪郭がぼやけて見えるが、えら孔は目立ち、尾は長い。甲殻類、イカ、小さな魚を食べる。

大きさ 最小50cm
生息場所 水深1,750mまでの大陸斜面
分布 西大西洋、東大西洋

ラフスキンキャットシャーク
Apristurus ampliceps

ラフスキンキャットシャークは茶色や黒茶色の体色。深海に生息するほかのサメと同じく、漁網が届かないくらい深い場所に生息するため、めったに捕獲されない。

大きさ 67〜86cm
生息場所 水深1,500mまでの大陸斜面
分布 南西太平洋

コクテンミナミトラザメ
Asymbolus analis

コクテンミナミトラザメはオーストラリア南東部の近くで見られる。あまり研究はされていない。トロール網に混じって引きあげられるが、このような意図しない乱獲の影響を受けている可能性がある。

大きさ 45〜60cm
生息場所 水深175mまでの大陸棚
分布 西太平洋

ウェスタンスポッテッドキャットシャーク
Asymbolus occiduus

ウェスタンスポッテッドキャットシャークはオーストラリア南西部の近くにだけ生息する。ほかの小さなトラザメ科と同じく目の細かい網にしかかからない。生息数はかなり多いので、コクテンミナミトラザメほど偶然の乱獲による影響は少ない。

オレンジスポッテッドキャットシャーク
Asymbolus rubiginosus

オレンジスポッテッドキャットシャークはトロール網に混じって捕獲されることが多いが、生息数にあまり影響はない。その理由は産卵周期にある。卵から稚魚がかえる前、あるいはかえった直後に次の卵を産むからだ。連続して産卵するため数が保たれている。

大きさ 35〜55cm
生息場所 大陸棚から水深540mまで
分布 西太平洋

大きさ 58〜60cm
生息場所 水深100〜250mまでの大陸棚外縁
分布 東インド洋

サンゴトラザメ
Atelomycterus marmoratus

サンゴトラザメは日中はサンゴ礁の中に隠れ、あまり動かない。夕暮れから夜になると活動をはじめ、イカや小さな硬骨魚をおそう。サンゴトラザメは害がなく、人目をひくので水族館でよく飼育される。

大きさ 40〜70cm
生息場所 サンゴ礁
分布 西太平洋

卵をもつ雌の数は春が一番多い。次いで秋、冬は一番少ない。

クログチヤモリザメ
Galeus melastomus

クログチヤモリザメは泥底で生活する。見通しの悪い水の中でロレンチーニ器官をめいっぱいはたらかせて獲物をおそう。クログチヤモリザメの幼魚は成魚よりも浅瀬を泳ぐことが多い。

大きさ　35〜80cm
生息場所　大陸棚から水深1,000mまで
分　布　北東大西洋、地中海

アメリカナヌカザメ
Cephaloscyllium ventriosum

ニュージーランドナヌカザメと同じく海水を吸いこみ、穴から引きずり出されないよう体をふくらませて捕食者から身を守る。攻撃を受ける尾を口に入れてつかまりにくくすることもある。

大きさ 0.8～1m
生息場所 水深460mまでの大陸棚
分　布 東太平洋

アメリカナヌカザメは危険な目にあうと水を吸いこみ体を2倍にふくれあがらせることができる。

ニュージーランドナヌカザメ
Cephaloscyllium isabellum

ニュージーランドナヌカザメが捕食者から身を守るときは岩や岩礁の穴に入り海水を吸いこむ。吸った水によって体はふくれあがり穴に押しこまれた状態になるので、捕食者はなかなか引きずり出せない。

大きさ 0.6～1.5m
生息場所 水深670mまでの砂底、岩底
分　布 ニュージーランド沿岸、沖合

タテスジトラザメ
Poroderma africanum

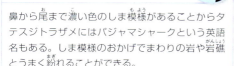

鼻から尾まで濃い色のしま模様があることからタテスジトラザメにはパジャマシャークという英語名もある。しま模様のおかげでまわりの岩や岩礁とうまく紛れることができる。

大きさ 60〜95cm
生息場所 沿岸、水深280mまでの沖合
分布 南東大西洋、南西インド洋

ヒョウモントラザメ
Poroderma pantherinum

ダークシャイシャーク
Haploblepharus pictus

ダークシャイシャークは危険にさらされると尾で眼をおおい体を丸めることからシャイ（内気な）シャークと名づけられた。最近までモヨウウチキトラザメと同一の種とされていた。

ニョウモントラザメの体の模様は年齢と生息場所によって変わる。生まれたばかりの稚魚は黒色の斑点だが、成長するにつれて斑点は小さくなり、つながって線になることもある。小さな斑点が密に並んだ模様のヒョウモントラザメは南アフリカ東ケープ州の沿岸に生息する。

大きさ　84cm 以下
生息場所　水深250mまでの岩底
分　布　南西インド洋、南東大西洋

大きさ　60cm 以下
生息場所　水深35mまでの岩底
分　布　南アフリカ沿岸の南東大西洋、西インド洋

モヨウウチキトラザメ
Haploblepharus edwardsii

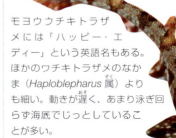

モヨウウチキトラザメには「ハッピー・エディー」という英語名もある。ほかのワチキトラザメのなかま（*Haploblepharus*属）よりも細い。動きが遅く、あまり泳ぎ回らず海底でじっとしていることが多い。

大きさ　69cm 以下
生息場所　水深130mまでの砂底または岩底
分　布　南東大西洋、南西インド洋

クサリトラザメ
Scyliorhinus retifer

クサリトラザメは 1 回の出産で少し時間を開けて卵を 2 個産む。卵には 2 本の巻きひげがあり、流されないよう岩の表面にからみつく。クサリトラザメは動きが遅く、ほとんど海底を離れない。成魚は岩の表面を好む。イカ、硬骨魚、甲殻類を食べる。

大きさ 59cm 以下
生息場所 大陸棚から水深 755m まで
分　布 北西大西洋、西中央大西洋、メキシコ湾、カリブ海

クサリトラザメの皮ふは暗がりで光るが、その理由はまだなぞだ。

ハナカケトラザメ
Scyliorhinus canicula

紙やすりのような皮ふ

ハナカケトラザメは獲物を食べるとき皮歯を使う。まずあごで獲物をつかむと、口に向けて尾を丸め、尾の皮歯を獲物にひっかける。その後、すばやく頭を後ろに動かし、獲物の肉を細かくちぎる。

大きさ 60〜70cm
生息場所 水深100mまでの大陸棚
分布 北東大西洋、東大西洋

トラザメ
Scyliorhinus torazame

トラザメは飼育下での繁殖に成功した数少ない種。水族館でよく展示されている。海底に生息し、とくに岩礁に多い。あまり長い距離は回遊しない。

大きさ 48cm
生息場所 水深320mまでの大陸棚
分布 北西太平洋、西中央太平洋

ハナカケトラザメの卵(たまご)
ハナカケトラザメは海岸や岩礁(がんしょう)付近の浅瀬(あせ)に巻(ま)きひげのある卵を産む。卵は「人魚の財布(さいふ)」ともよばれる。巻きひげを岩や海藻(かいそう)にからませ卵を固定する。

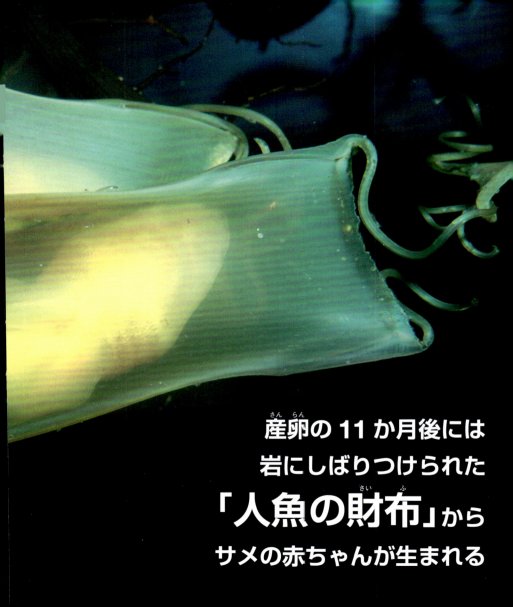

産卵の11か月後には岩にしばりつけられた「人魚の財布」からサメの赤ちゃんが生まれる

イコクエイラクブカ
Galeorhinus galeus

イコクエイラクブカは世界中の寒帯から亜熱帯に生息する。群れをつくることがある。成長するまでに時間がかかるうえに、乱獲されているため絶滅の危機にある。

大きさ　1.2〜1.9m
生息場所　大陸棚、水深500mまでの大陸斜面
分　布　南西大西洋、東大西洋、西インド洋、東インド洋、西太平洋、東太平洋

ブラウンスムースハウンド
Mustelus henlei

ブラウンスムースハウンドは細長くて小さい。とても早く成長する。水族館でも活発に泳ぎ、飼育下での繁殖にもっとも成功した種のひとつでもある。1回の出産で3〜5匹の子を産む。

大きさ　0.5〜1m
生息場所　水深200mまでの大陸棚
分　布　東太平洋

スターリースムースハウンド
Mustelus asterias

スターリースムースハウンドは卵胎生。12か月の妊娠期間を経て1回に7〜15匹の子を産む。たいていは海岸から離れてすごすが、夏の間は出産のために岸の近くまで移動する。

大きさ　0.8〜1.5m
生息場所　水深200mまでの大陸棚
分　布　北東大西洋

カリフォルニアドチザメ
Triakis semifasciata

背中に鞍の形の模様がある

カリフォルニアドチザメは酸素の乏しい海域に生息する。エビや魚の卵などの食べ物をめぐり競合する動物がいないからだ。ほかのサメと比べるとカリフォルニアドチザメの場合は酸素を運ぶ赤血球が小さく、数も多いため酸素を効率よく吸収できる。

大きさ 1〜2.1m
生息場所 水深50mまでの大陸棚
分 布 北東太平洋、東太平洋、中央太平洋

ニュージーランドホシザメ
Mustelus lenticulatus

ニュージーランドホシザメは広い範囲を回遊する。体の大きさや雌雄のちがいで別々の群れをつくる。ニュージーランドではレモンフィッシュという名前でフィッシュアンドチップスの材料にされる。

大きさ 0.85〜1.5m
生息場所 大陸棚から水深860mまで
分布 ニュージーランド周辺の海域

ヒゲドチザメ
Furgaleus macki

1970年代、オーストラリアでは食用としてヒゲドチザメが乱獲された。その結果、生息数が70%も減少したため、オーストラリア政府はきびしい保全措置をとった。現在では生息数は元に戻っている。

大きさ 1.1〜1.5m
生息場所 水深220mまでの大陸棚
分布 東インド洋、オーストラリア南部の近く

カマヒレザメ
Hemipristis elongatus

カマヒレザメは先の曲がった、いかにも恐ろしそうな歯をもつが、人間に害は加えない。

カマヒレザメはぎざぎざのノコギリのような歯をもつ。下の歯は外へ突き出し、口を閉じてもはみ出す。肉と、ビタミンを豊富に含む肝臓は食用にされる。

大きさ 1.1〜2.4m
生息場所 水深130mまでの大陸棚
分布 インド洋、西太平洋

カギハトガリザメ
Chaenogaleus macrostoma

カギハトガリザメは捕獲され、肉は食用に、肉以外の部分は魚粉に加工される。カギハトガリザメは小さな魚や甲殻類を食べる。胎生で、1回の出産で4匹の子を生む。

大きさ 0.8〜1.25m
生息場所 水深60mまでの大陸棚
分布 インド洋、北西太平洋、西中央太平洋

ヒレトガリザメ
Hemigaleus microstoma

ヒレトガリザメは浅い海域に生息し、おもにタコや甲殻類を食べる。地域によっては乱獲のため生存が危ぶまれている。

大きさ 0.6〜1.1m
生息場所 水深170mまでの大陸棚
分布 インド洋、北西太平洋、西中央太平洋

ハナザメ
Carcharhinus brevipinna

ハナザメは魚の群れを下からおそう。回転しながら群れに突入し、そのまま空中に飛び出すこともある。英語名スピナーシャーク（回転するサメ）はこの行動に由来する。

大きさ 1.6〜2.8m
生息場所 沿岸、水深100mまでの沖合
分布 西大西洋、東大西洋、西太平洋、西インド洋、東インド洋

ガラパゴスザメ
Carcharhinus galapagensis

ガラパゴスザメは外洋の島の周辺に生息し、捕食もする。ときおり獲物を求めて遠くの島まで移動することもある。海山（海底から隆起した山）のまわりで群れをつくることが多い。

大きさ 1.7〜3.7m
生息場所 水深180mまでの外洋の島の周辺
分布 西大西洋、東大西洋、西インド洋、西太平洋、中央太平洋、東太平洋

クロトガリザメ
Carcharhinus falciformis

クロトガリザメは生まれてから数か月間は岩礁に隠れてすごす。成長すると外洋域に出て行く。身を守るために集団で移動する。聴覚が優れているため獲物の出すかすかな音も感知できる。

大きさ 2〜3m
生息場所 水深500mまでの外洋
分布 大西洋、インド洋、太平洋

ツマジロ
Carcharhinus albimarginatus

ツマジロは競争相手や捕食者によって危険を感じるとめずらしい方法で身を守る。いったん15mほど離れてから相手のいる場所まで突進して戻る。3.5mくらいまで近づくと止まり、横を向いて体をふるわせる。ひれの上の白い模様を見せて追いはらおうとする警告の行動だ。それでも相手がひるまない場合は近づいて歯で切りつける。

大きさ 2〜2.5m
生息場所 大陸棚から水深800mまで
分布 西インド洋、西太平洋、中央太平洋、東太平洋

先端が白く、やや丸いまたはとがったひれ

クロヘリメジロザメ 5月から7月にかけて数十億匹のイワシが長さ7kmにもおよぶ群れをつくり移動する。クロヘリメジロザメにとってはかっこうの食糧庫だ。クロヘリメジロザメはおもにイワシなどの硬骨魚、そのほかにイカ、小さなサメを食べる。

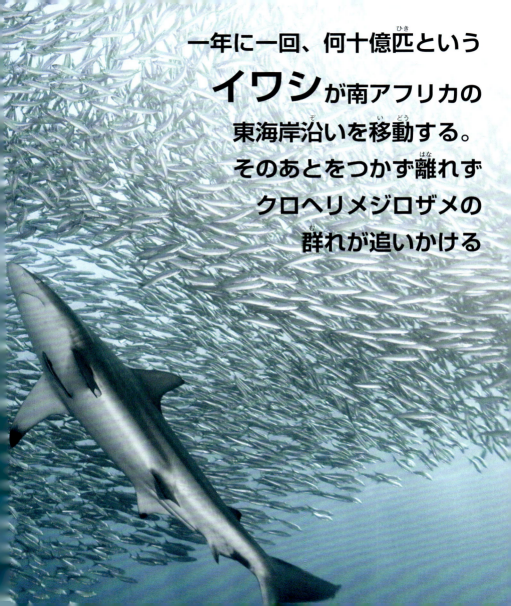

一年に一回、何十億匹という**イワシ**が南アフリカの東海岸沿いを移動する。そのあとをつかず離れずクロヘリメジロザメの群れが追いかける

ヨシキリザメ
Prionace glauca

ヨシキリザメは夕方から夜間にもっとも活動する。人間がとらえたサメの中ではおそらく一番重い。おもにひれが食用にされる。回遊範囲は広く、食べ物や交配相手を求めてとても長い距離を移動する。

大きさ 3.3〜4mまで
生息場所 大陸棚から水深350mまで
分 布 大西洋、インド洋、太平洋

ヨゴレ
Cacharhinus longimanus

ヨゴレは単独で獲物をおそうことが多いが、えさがたくさんある場所では集団をつくる。ほかのサメ種とえさを争うときは相手に対して攻撃的になる。船のあとをつけたり、ときには人間に危害を加えたりもする。

大きさ 3.75m以下
生息場所 水深200mまでの外洋
分 布 大西洋、インド洋、太平洋

ドタブカ
Carcharhinus obscurus

ドタブカはとてもゆっくり成長し、雌は15歳をすぎてからようやく子を産めるようになり、以後は毎年交尾する。繁殖に時間がかかるため乱獲の影響を受けやすい。

大きさ 3.4〜4m
生息場所 大陸棚から水深400mまで
分 布 西大西洋、東大西洋、インド洋、西太平洋、東太平洋

メジロザメ
Carcharhinus plumbeus

メジロザメは海岸近くに生息するサメの中では最大級の大きさだ。捕獲され肉、皮、油が利用される。

大きさ 2〜2.5m
生息場所 大陸棚から水深280mまで
分 布 大西洋の温帯域、インド洋、太平洋

ハナグロザメ
Carcharhinus acronotus

ハナグロザメは体は小さく、群れをつくる。名前は吻の先の黒い斑点に由来する。泳ぐのが速く、機敏に動いて大きなサメの獲物をかすめとることもある。

大きさ 1〜2m
生息場所 水深65mまでの大陸棚
分 布 西大西洋

レモンザメ
Negaprion acutidens

レモンザメはニシレモンザメとよく似るが、胸びれが鎌の形をしているので区別できる。一年を通してほぼ同じ狭い海域にいるため回遊しないと考えられている。

大きさ 2.2〜3m
生息場所 水深30mまでの岩底、砂底、泥底
分 布 インド洋、西太平洋、中央太平洋

イタチザメ
Galeocerdo cuvier

若いイタチザメの背中にはトラのような濃い色のしま模様があり、成長するにつれて消えていく。イタチザメのまわりにはコバンザメが泳いでいたり、ときには体にくっついていたりする。コバンザメはイタチザメの死んだ皮ふや、体についている寄生虫を食べる。

大きさ 4〜6.5m
生息場所 沿岸、水深140mまでの沖合
分布 大西洋の温帯域、インド洋、太平洋

ニシレモンザメ
Negaprion brevirostris

ニシレモンザメの名前は淡い黄茶色から灰色の体色に由来する。ずんぐりした、たくましい体つきをしている。体に模様はなく、沿岸の環境にうまく紛れる。

大きさ 2〜3m
生息場所 水深90mまでの沿岸
分布 西大西洋、東大西洋

若いニシレモンザメの歯は
1本ずつ抜け、10日で丸ごと生え変わる。
抜けおちた歯のあとには、後ろに
並んでいる新しい歯が移動しておさまる

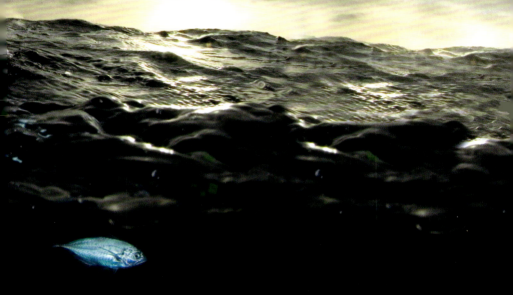

ニシレモンザメ ニシレモンザメの雌は1回の出産で最高17匹の子を産み、子は生まれた直後から親の助けなしで生きていく。数年間は浅い海域で生活しながら成長し、十分に大きくなると交尾相手を探しに沖合に出ていく。

オグロメジロザメ
Carcharhinus amblyrhynchos

オグロメジロザメは危険を察知すると攻撃する前に威嚇行動をする。背中を丸め、胸びれを下に突き出し左右に泳ぎ回る。オグロメジロザメはあまり大きくないが、攻撃的な性質のため大きなサメでもたいてい追いはらってしまう。

大きさ 1.2〜1.9m
生息場所 近海、沖合、水深140mまでの外洋
分 布 インド洋、西太平洋、中央太平洋

ペレスメジロザメ
Carcharhinus perezi

ペレスメジロザメは日中、岩棚の下や洞穴の中で短い時間じっとしていることがある。サンゴ礁の近くを優雅に泳ぐ姿はダイバーに人気だ。

大きさ 2〜3m
生息場所 水深30mまでの大陸棚
分 布 西大西洋

ツマグロ
Carcharhinus melanopterus

ツマグロはひれの先が黒く、体の上半分が薄茶色から灰色なので簡単に見分けられる。臆病な性質のため人間にあまり危害をおよぼさない。

大きさ 1.6m以下
生息場所 水深10mまでのサンゴ礁
分　布 インド洋、中央太平洋、西太平洋、地中海の一部

オオメジロザメ
Carcharhinus leucas

オオメジロザメは世界中に生息する。海だけでなく川にもいる。たいてい単独で行動し、縄張りに入ってくる動物がいると、どのような相手であれ攻撃を加える。

大きさ 3〜3.4m
生息場所 淡水の川や湖、水深150mまでの沿岸
分　布 大西洋の温帯域、インド洋、太平洋、一部の川や湖

ヒラシュモクザメ
Sphyrna mokarran

ヒラシュモクザメの眼は頭の端についているため視野がとても広い

ヒラシュモクザメはシュモクザメの中で一番大きい。変わった形の頭のおかげで、海底に埋もれている大好物のアカエイを見つけることができる。頭を横にふりながら、電気を感知してアカエイの居場所を突き止める。見つけたアカエイを頭で海底に押しつけ、そのまま回転させてかみつく。

大きさ 6.1m以下
生息場所 沿岸、沖合、水深80mまでの外洋
分　布 大西洋の熱帯域、インド洋、太平洋

アカシュモクザメ
Sphyrna lewini

絶滅危惧種

ホタテの貝殻の形に似た突き出した頭部

アカシュモクザメの群れは夜になると海山のまわりに集まり、寝ている魚や群れをなす魚を食べる。アカシュモクザメはひれの需要が高く乱獲されるため、深刻な影響を受けている。

大きさ 4.3m以下
生息場所 沿岸から水深275mまで
分　布 大西洋の温帯域、インド洋、太平洋

ウチワシュモクザメ
Sphyrna tiburo

ウチワシュモクザメの頭はほかのシュモクザメとはちがい、シャベルの形に近い。シャベル形の頭を使ってカニや貝を海底から掘り出す。

大きさ 1.5m 以下
生息場所 水深80mまでの沿岸
分 布 西大西洋、東太平洋

インドシュモクザメ
Eusphyra blochii

インドシュモクザメは細長いハンマー形の頭のおかげで一目でわかる。魚、甲殻類、タコ、イカを食べる。

大きさ 1.8m 以下
生息場所 沿岸の浅い海域
分 布 北インド洋、東インド洋、西太平洋

シロシュモクザメ
Sphyrna zygaena

シロシュモクザメはシュモクザメの中で3番目に大きい。恐ろしい捕食者だ。硬骨魚、エイ、サメ、イカを食べる。ひれがフカヒレスープの材料とされるため盛んに捕獲されている。

大きさ 4m 以下
生息場所 沿岸、水深20mまでの沖合
分 布 大西洋の温暖域、インド洋、太平洋

アカシュモクザメは500匹(びき)
からなる群(む)れをつくる

アカシュモクザメ

アカシュモクザメはサメにはめずらしく群れをつくる。群れは、えさが豊富にある海山の近くでよく見られる。中心には一番大きな雌が泳ぎ、雄は交尾相手を求めて群れの中心に向かう。大きな方が子をたくさん産むため、雄は大きな雌を好む。

エイ、ガンギエイ、ギンザメ

サメと同じく、エイやガンギエイ、ノコギリエイやギンザメも軟骨魚です。エイとガンギエイの体は扁平で、ひれは翼のように広いです。中にはアカエイ（左写真）のように、体を守るために尾に鋭いとげをもつエイもいます。同じエイでもノコギリエイは尾ではなく頭部を使って体を守ります。ノコギリエイの長い吻は歯のような鋭い皮歯で縁取られ、体を守るだけでなく、獲物を切り裂くのにも適しています。

ギンザメ ギンザメは深海に生息する。前の切歯と奥の臼歯がウサギの歯に似るため、ウサギザメともよばれる。

サメのなかま

ガンギエイ、エイ、ノコギリエイはエイ上目というグループに分類されます。エイ上目は六つの目に分かれ600種以上が含まれます。エイ上目はサメととても近い関係にあり、軟骨でできた骨格をはじめ共通点がたくさんあります。ギンザメは同じ軟骨魚ですが、サメやエイとは少し遠い関係です。

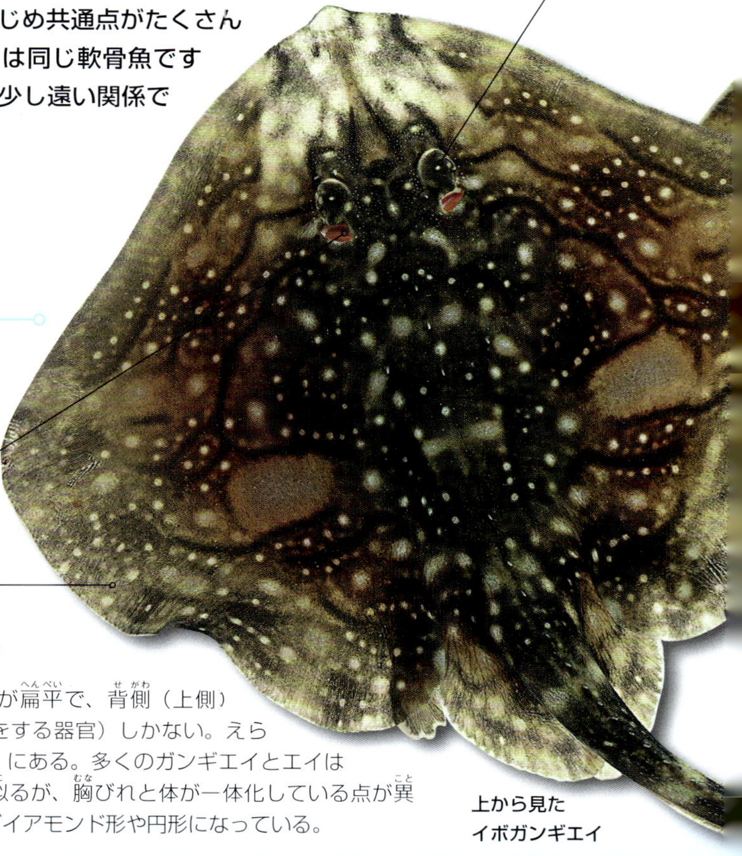

眼は頭から突き出す

噴水孔から水を吸い込み、えらに送りこむ

平らな胸びれ

ガンギエイとエイ

ガンギエイとエイは体が扁平で、背側（上側）には眼と噴水孔（呼吸をする器官）しかない。えらと鼻と口は腹側（下側）にある。多くのガンギエイとエイは一見するとカスザメと似るが、胸びれと体が一体化している点が異なる。体全体が扁平なダイアモンド形や円形になっている。

上から見たイボガンギエイ

鼻

歯は平ら。かたい殻をもつ獲物を砕く

5対のえら孔

下から見たイボガンギエイ

大きなくぎのような尾びれ

ギンザメ

ギンザメはおもに深海に生息する。古代から生き残っている魚で、体はやわらかく、皮ふはなめらか。ロレンチーニ器官でおおわれた鼻を使い、深海の暗闇の中でも近くにいる獲物の出す電気信号を感じ取っておそう。

サメのなかま | 123

ノコギリエイ

ノコギリエイはノコギリザメと似ていますが、ノコギリエイの方が体が大きく、またノコギリエイには前鼻弁がありません。ノコギリエイはすべての種が絶滅の危機にさらされています。繁殖に時間がかかるうえに、漁網にひっかかりやすいためです。

ここに注目！
特徴

ノコギリエイとノコギリザメは似ているようでかなりちがう。

▲ ノコギリエイのえらは体の下側にあり、ノコギリザメのえらは体の横にある。

▲ ノコギリエイの口は体の下側にあり、ノコギリザメの口は頭部の前の方にある。

▲ ノコギリエイもノコギリザメも吻の縁に歯が生えるが、ノコギリザメの歯の方が長さにばらつきがある。

ノコギリエイ
Pristis microdon

絶滅危惧種

ノコギリエイの吻には長い皮歯が生える。名前はこの姿に由来する。恐ろしい外見だが、怒ったり驚いたりしないかぎりは人間を攻撃しない。食用に乱獲され、生存が危ぶまれている。

大きさ 5〜7m
生息場所 川、淡水湖、水深10mまでの沿岸
分布 東南アジアの川や湖、オーストラリア、南東アフリカ、南東アフリカ近くの沿岸

グリーンソーフィッシュ
Pristis zijsron

絶滅危惧種

グリーンソーフィッシュはノコギリエイの中で一番大きい。体を平らにしたまま海底にいる姿はほかのノコギリエイと同じだが、グリーンソーフィッシュは吻を斜め上にあげている。日中は休み、夜間に獲物をおそう。吻を左右にふって獲物を強打し気絶させる。

大きさ 7.3m
生息場所 川、淡水湖、水深40mまでの沿岸
分　布 インド洋、西太平洋、南アメリカとニュージーランド北部の川と湖

ナイフトゥースソーフィッシュ
Anoxypristis cuspidata

絶滅危惧種

歯はすべて同じ長さ

ナイフトゥースソーフィッシュの吻は幅が狭く、18～22対の短剣のような歯が生える。幼魚の皮ふはなめらかだが、成長するにつれてとげのようなうろこでおおわれる。ほかのノコギリエイと同じく捕獲されるとはげしくのたうち回り、漁師を傷つけることもある。

大きさ 4.7m
生息場所 川、淡水湖、水深40mまでの沿岸
分　布 インド洋、西太平洋

サカタザメ

サカタザメとよばれるエイは約50種存在します。シノノメサカタザメ科とサカタザメ科に分類されます。ひれの形はエイに似ますが、体の後ろの部分はサメのように細いです。

ここに注目！
体の形

サカタザメの英語名はギターフィッシュ。ギターに似た体の形に由来する。

ソーンバックギターフィッシュ
Platyrhinoidis triseriata

ソーンバックギターフィッシュは背中の中ほどから尾にかけて、先の曲がった大きなとげが3列並ぶ。サメやほかのエイと同じく吻にあるロレンチーニ器官を使って、獲物の出す電気信号を感じ取る。

大きさ 37〜90cm
生息場所 水深140mまでの沿岸
分布 東太平洋

アトランティックギターフィッシュ
Rhinobatos lentiginosus

アトランティックギターフィッシュはサカタザメ科の中で一番小さい。体の上側はそばかすのような小さな斑点でおおわれる。腹側の体色は淡い黄色。

大きさ 76cm以下
生息場所 水深30mまでの沿岸
分布 西大西洋

▲ サカタザメは先のとがった吻と広い胸びれからなる三角形の体に先細りの尾がつく。

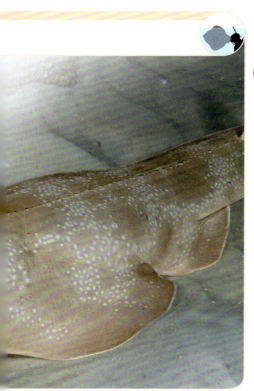

コモンギターフィッシュ
Rhinobatos rhinobatos

コモンギターフィッシュは海底をはうように泳ぎ回り獲物をつかまえる。体の一部を砂に埋め、待ち伏せしておそうこともある。エビ、カニ、小さな魚を食べる。

大きさ 0.75〜1.7m
生息場所 水深180mまでの沿岸
分　布 東大西洋、地中海、黒海

ガンギエイ

ガンギエイは西洋凧のような形をした平たい体と翼のような胸びれをもつ、エイのなかまです。ガンギエイはガンギエイ目に含まれます。ガンギエイ目には200種以上がいますが、その多くが絶滅の危機にさらされています。肉が食用にされるため乱獲されたり、生息環境が破壊されたりしているからです。

ビッグスケイト
Raja binoculata

北アメリカで最大のガンギエイ。成魚の背中には先のとがった皮歯（とげ）がある。幼魚の皮ふはなめらか。ビッグスケイトはたいてい砂の中に隠れて眼だけ出している。

大きさ 1〜2.4m
生息場所 水深200mまでの大陸棚
分　布 北東太平洋

ソーンバックレイ
Raja clavata

ソーンバックレイの背中と尾には先のとがった小さなとげが3列並ぶ。ゴカイ、カニ、魚など海底に生息する小さな動物を食べる。

大きさ 1〜1.3m
生息場所 水深300mまでの沿岸の岩礁
分　布 北大西洋、東大西洋、地中海、黒海

シワエイ
Raja undulata

絶滅危惧種

シワエイはガンギエイのなかま。背中に広がるはっきりした茶色の波線と白色と黄色の斑点のおかげで砂底にうまく紛れて生活できる。

大きさ 1m
生息場所 水深200mまでの大陸棚
分布 北東大西洋、東中央大西洋

コモンスケイト
Dipturus batis

絶滅危惧種

コモンスケイトはガンギエイの中では一番大きい。海底に生息する甲殻類、貝、魚を食べる。獲物をつかまえて食べる前に、胸びれで獲物を包む。

大きさ 1～2.9m
生息場所 水深600mまでの沿岸
分布 北東大西洋、東大西洋

ソーンバックスケイト
Dentiraja lemprieri

このソーンバックスケイトはp.128のソーンバックレイとは別の種。泳ぎが遅く、海底でじっとしていることも多い。カニ、エビ、ロブスターをはじめ魚など海底に生息する小さな動物を食べる。体は雄よりも雌の方が大きく、繁殖期には数十個の卵を産む。

ソーニースケイト
Amblyraja radiata

ソーニースケイトの背中はでこぼこしている。体と尾全体に小さなとげが広がる。尾の先端にははっきりした黒い斑点もある。

大きさ 1.1m以下
生息場所 大陸棚から水深1,000mまで
分布 北東大西洋、北西大西洋

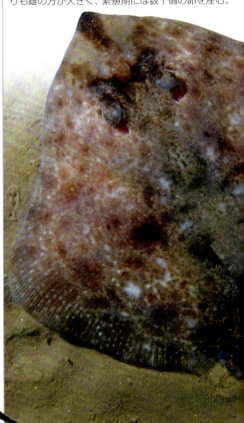

大きさ 55cm
生息場所 水深170mまでの大陸棚
分布 南西太平洋、東インド洋、タスマニア島周辺

このソーンバックスケイトの背中にはとげがある。捕食者に対抗するための防御器官だ。

ピーコックスケイト
Pavoraja nitida

ピーコックスケイトの吻の先の下側にははっきりした黒い斑点がある。幼魚は母魚の後ろを泳いでいることが多い。

大きさ 37cm以下
生息場所 大陸棚から水深390mまで
分布 南西太平洋、東インド洋

リトルスケイト
Leucoraja erinacea

リトルスケイトは夜間や暗がりの中で活動する。尾にある電気を感知する器官を使いほかのガンギエイと情報を交わしたり、交配相手を見つけたりする。

大きさ 54cm以下
生息場所 大陸棚から水深330mまで
分布 北西大西洋

シビレエイ

シビレエイの体には電流をつくる特殊な器官が備わっています。シビレエイという名前はこのような性質に由来します。一番大きな種になると220ボルトもの電圧を発生します。シビレエイの放電する電流には獲物を倒すはたらきと、身を守るはたらきがあります。

コルテスエレクトリックレイ
Narcine entemedor

コルテスエレクトリックレイは夜間に獲物をおそう。日中は砂の中に体を半分ほど埋めて休む。獲物を探すときは柔軟性のあるひれを使って海底をゆっくり進む。

大きさ 93cm以下
生息場所 水深100mまでの砂底
分布 東太平洋、南東太平洋

ターゲットレイ
Diplobatis ommata

ターゲットレイの背中には牛の眼のような模様があるので、簡単に区別できる。小さな魚、カニ、エビ、小さなゴカイを食べる。単独で行動する。高い電流を放電して、相手にはげしい痛みをあたえて身を守る。

大きさ 25cm 以下
生息場所 水深 95m までの岩礁
分　布 東太平洋

マーブルドレイ
Torpedo marmorata

マーブルドレイは獲物の下をゆっくり泳ぎながら強い電気ショックをあたえる。獲物が気絶したところを下からつかまえる。

大きさ 21〜61cm
生息場所 水深 100m までの砂底、れき底、岩底
分　布 東大西洋、地中海

コモントルペード
Torpedo torpedo

コモントルペードは200ボルトの電圧を発生する。人間が感電してもかなりの衝撃を受ける。

コモントルペードは背中に「眼」のような大きな青色の斑があるので、簡単に区別できる。斑の数は5から9個。胎生で、雌は一度に最高で28匹の子を産む。

大きさ 30〜40cm
生息場所 水深300mまでの暖かい海水
分　布 東大西洋、地中海

ブラックスポッテッドトルペード
Torpedo fuscomaculata

ブラックスポッテッドトルペードについてはくわしいことはあまりわかっていない。おもにアフリカ南部周辺の海域（かいいき）で確認（かくにん）されている。イカ、アメリカチヌやネズミザメなど小さな魚を食べる。

大きさ 64cm以下
生息場所 大陸棚（たいりくだな）から水深440mまで
分布（ぶんぷ） 南東大西洋、西インド洋

アカエイ

アカエイはトビエイ目に含まれます。尾に有毒の針があることから英語名はスティングレイ（「とげのあるエイ」という意味）といいます。下に紹介する4種をはじめ毒をもつなかまが多いです。ところがすべてのスティングレイが毒をもっているわけではありません。ツバメエイやマンタはもっていません。

コモンスティングレイ
Dasyatis pastinaca

コモンスティングレイの毒は古い時代から知られていた。かつては、刺された人間は命を落とし、触れた鉄はさびると考えられていた。実際は刺されるとはげしい痛みを感じるが、死に至るほどではない。

大きさ 0.3～2.5m
生息場所 水深200mまでの大陸棚
分 布 北東大西洋、地中海、黒海

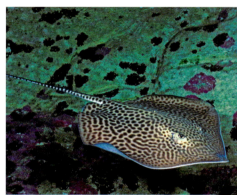

ヒョウモンオトメエイ
Himantura uarnak

ヒョウモンオトメエイの背中には名前のとおりヒョウのような模様が広がる。夜間に獲物をおそい、日中はたいてい海底でじっとしている。

大きさ 2m以下
生息場所 水深50mまでの海底
分 布 インド洋、西太平洋

ここに注目！
尾
アカエイのなかまの中には尾が胴よりも長い種がいる。

▼ アカエイはおもに、最高で3本のとげのある尾で身を守る。とげの下の毒腺でつくった毒を捕食者に注入する。

サザンスティングレイ
Dasyatis americana

サザンスティングレイはひれをはためかせて海底の砂をはらい、隠れているカニなどの甲殻類を見つけ出して食べる。とげのある、長いむちのような尾は身を守るためだけに使う、おとなしい動物。

大きさ 2.5m以下
生息場所 水深55mまでの海底
分 布 西大西洋、メキシコ湾、カリブ海

ルリホシエイ
Taeniura lymma

ルリホシエイはほとんどの時間を岩礁やサンゴ礁の近くですごすが、高潮で水位が上がると浅い潟に移動する。エビ、小さな魚、カニ、ゴカイを食べる。

大きさ 70〜90cm
生息場所 水深25mまでのサンゴ礁、岩礁。近くの砂質の干潟
分 布 インド洋、西太平洋

ツカエイ
Pastinachus sephen

ツカエイは尾の下の方が旗のように太くなっているので簡単に区別できる。皮ふが上質のさめ皮として利用されるため、乱獲され絶滅の危機にある。

大きさ 1.4〜3m
生息場所 サンゴ礁、岩底、砂底、水深60mまでの川
分　布 インド洋、西太平洋

ラウンドスティングレイ
Urobatis halleri

アカエイのなかまの中には尾の長いとげが周期的に生え替わる種がいる。ラウンドスティングレイもその一種。春先には長いとげが1本ある。夏までに2本目が生え始め、冬には最初の1本が抜けて、成長した2本目と入れ替わる。ラウンドスティングレイは水温10℃以上の暖かい海域に生息する。

大きさ 45cm以下
生息場所 水深90mまでの泥底、砂底
分　布 東太平洋

スピニーバタフライレイ
Gymnura altavela

スピニーバタフライレイは胸びれが翼のように大きいツバクロエイのなかま。ツバクロエイは泳ぎながら海底の砂を巻き上げ、隠れている魚や巻き貝を見つける。スピニーバタフライレイは見つけた獲物を口ですくい上げる。

大きさ 2〜3m
生息場所 水深55mまでの砂底
分　布 西大西洋、東大西洋、地中海

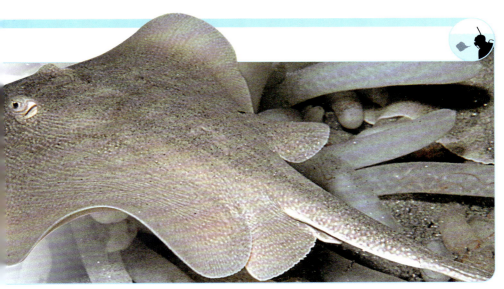

オレンジスポットタンスイエイ
Potamotrygon motoro

オレンジスポットタンスイエイは名前のとおり背中にオレンジ色の斑がある。生まれてしばらくはプランクトンを食べる。成長するにつれて軟体動物、甲殻類、水生昆虫の幼虫を食べるようになる。

大きさ 90 cm 以下
生息場所 淡水
分 布 南アメリカの川

背中にあるやや盛り上がった眼

アカエイ

マダラトビエイ
Aetobatus narinari

マダラトビエイは鳥が空を飛ぶときのように胸びれをはばたかせ海の中を泳ぐ。外洋ではしばしば大きな群れをつくり、海面近くを泳ぐ。背中に散らばる斑点が美しく、水族館でよく飼育される。

大きさ 1〜4m
生息場所 水深60mまでの大陸棚
分布 西大西洋、東大西洋、インド洋、西太平洋、中央太平洋、東太平洋

マダラトビエイは捕食者から逃れるために海面から跳び上がることがある。

オニイトマキエイ（マンタ）
Manta birostris

オニイトマキエイは口から水を吸いこみ、えらを通して食事をするろ過食者。えらにある特殊な器官（鰓耙）で水中のプランクトンをこし取る。平均的な大きさのオニイトマキエイは1日にプランクトンを30kg食べる。

大きさ 4.5〜9m
生息場所 水深120mまでのサンゴ礁や岩礁の近辺
分 布 大西洋、太平洋、インド洋

ウシバナトビエイ
Rhinoptera javanica

ウシバナトビエイは前頭部におうとつがあり、吻は二つに分かれているめずらしい姿のエイだ。西洋凧の形をした胴の背側は茶色で腹側は白色。長い尾には1本あるいは数本のとげがある。

大きさ 1〜1.5m
生息場所 水深30mまでの沿岸
分 布 インド洋、西太平洋

オニイトマキエイ オニイトマキエイは頭から「角」が出ているため英語ではデビルレイ(「悪魔のエイ」という意味)ともよばれる。食事をするときは「角」で水を引き寄せ口に入れ、えらにあるスポンジのような組織を通し水からプランクトンをこし取る。

エイの中で一番大きな
オニイトマキエイは
胸びれの端から端までの長さが
9mにも
達することがある

ギンザメ

ギンザメとサメの祖先は同じですが、約4億年前にギンザメはサメと分かれて進化をはじめました。ギンザメは頭が大きく、ウサギのような前歯があります。前の歯でつかんだり切ったりして、奥の歯で砕きます。

ホワイトスポッテッドラットフィッシュ
Hydrolagus colliei

ホワイトスポッテッドラットフィッシュはネズミのような尾をもつ。背びれにある有毒のとげで身を守る。優れた嗅覚をもち、カニ、二枚貝、小さな魚など獲物の居場所をすぐに突き止めることができる。

大きさ 60cm
生息場所 沿岸、水深900mまでの大陸斜面
分布 北東太平洋、東太平洋

背びれのとげ

テングギンザメ
Rhinochimaera pacifica

テングギンザメの吻は円錐形で長い。吻は感覚孔でおおわれる。テングギンザメは感覚孔でにおいと震動を感じ取って獲物を見つけているようだ。

大きさ 1.3m以下
生息場所 水深1,300mまでの沖合
分　布 西太平洋、南西太平洋、南東太平洋、東インド洋

ゾウギンザメ
Callorhinchus milii

ゾウギンザメの吻はゾウの鼻のように長く肉付きがよい。ゾウギンザメは吻を使って泥底にいる貝を見つけ掘り出す。背びれの前にあるとげで捕食者から身を守る。

大きさ 0.75〜1.25m
生息場所 水深230mまでの大陸棚
分　布 南西太平洋

サメのあれこれ

泳ぎと移動

- **サメは急に止まれない。**衝突を避けるために右または左方向に動き続ける。後ろ向きにも泳げない。

- **一番速く泳ぐサメ**はアオザメ。時速56kmを超えることもある。突進する速さは最高で時速75km。

- **大型のサメの中には長い距離を回遊する種もいる。**大西洋に生息するヨシキリザメは約14か月かけて1万7,000kmを回遊する。

- 最近の追跡結果によると、**ヒラシュモクザメ**は62日間で1,200kmを移動していた。

- 広く分布するサメの中で海から川に回遊するのは**オオメジロザメ**だけ。上流まで移動してえさを探す。

- 回遊に対してほとんど熱意を示さないのはおそらくコモリザメ。数十キロメートル四方の中で一生を終える。

> 母親の体内で最初にふ化した子が残りの卵を食べて成長するサメもいる。このような現象を食卵という。

サメの一生

▶ ニシレモンザメは一回の出産につき17匹ほどの子を産む。

▶ ヒラシュモクザメは一回の出産につき40匹ほどの子を産む。

▶ ジンベイザメの場合は母親の体内で300個ほどの卵がかえり、親と同じ形の子が産まれてくる(卵胎生)。

▶ 雌のメジロザメは13歳くらいになると繁殖を始める。以後、2年ごとに数匹ずつ出産する。

▶ ほとんどのサメは20年から30年生きる。中には80年というサメもいる。専門家によれば、体が大きくゆっくり泳ぐジンベイザメは100年以上も生きる可能性があるらしい。寿命の長い動物だ。

▶ 深海に生息するサメの中には成熟するまでに40年ほどかかるサメもいる。

▶ ウバザメの肝臓は妊娠すると大きくなる。ウバザメは3年におよぶ妊娠期間中に必要なエネルギーを肝臓に貯蔵する。

食べ物

♦ **サメの聴覚**は、数百メートル離れた場所の音も聞き逃さないほど優れているので、獲物も簡単に見つけることができる。

♦ サメのあごは強力だ。1本の歯で60kgの圧力を加えることのできるサメもいる。

♦ **ホホジロザメ**はたくさん食事をとったあとは数日間何も食べないでも平気だ。

♦ **冷たい海で生活するサメ**の中には、眼の奥の筋肉のとなりにある特別な器官で眼を温める種がいる。視界がはっきりするので冷たい海水の中でも獲物をおそうことができる。

♦ **多くのサメは嗅覚がとても鋭い**。浴槽いっぱいに張った水に血を1滴落としただけでもわかるほど。

危険な動物

★ 人間をおそうサメといえば**ホホジロザメ**が一番にあげられるだろう。だがイタチザメやオオメジロザメが人間をおそう数も負けず劣らず多い。

★ 南アフリカ共和国ポートセントジョーンズ近くの**セカンドビーチ**は世界でもっとも危険な岸辺といってもよい。2007年から2012年の間に毎年少なくとも1人がサメに殺されている。

★ **毎年数十匹のサメが人間をおそっている**と報告されている。毎年おそらく1億匹のサメが人間に殺されている。

★ サメにとって**人間以外の最大の敵**はサメだ。サメの多くが同じ種または別の種のサメをおそう。

エイのなかま

▶ エイ上目の中でもっとも体が大きい種は**グリーンソーフィッシュ**(ノコギリエイのなかま)と**オニイトマキエイ**。どちらも体長7.3m以上にも成長する。

▶ **オニイトマキエイ**はトビエイ科のなかで一番幅も広い。ひれの先から先までが9mにもなる。

▶ **ナイフトゥースソーフィッシュ**は一度の出産につき23匹ほどの子を産む。

▶ **アカエイの毒**はとても強力なので刺されると治るまでに1年以上かかることもある。

▶ 古代ギリシアでは歯を治療するときに、**アカエイのとげ**からとった毒を麻酔薬として利用していた。

> 海面から跳び出すイトマキエイはジャンプを楽しんでいるかのようだ。頭や尾から着水したり、背面から宙返りしたりする。

最大のサメ、最小のサメ

一番大きなサメ

サメの中には世界で一番大きな魚も含まれます。サメは頂点捕食者です。魚や甲殻類、アザラシ、ときにはイルカやクジラも食べます。ここでは体長の長いサメを紹介します。

❶ジンベイザメ
世界最大のサメ。公式には13.7mを記録しているが、18mまで成長した個体の報告もある。

❷ウバザメ
最長で12.3mまで成長する。

❸ニシオンデンザメ
オンデンザメのなかま。7.3mまで成長する。

❹オンデンザメ
最長で7mの個体が記録されている。

❺イタチザメ
最大のイタチザメは最低でも6.5mを超える。

❻ホホジロザメ
ホホジロザメの雌は6.4mにも成長することがある。ほぼ同じ大きさのイタチザメと比べるとずんぐりした体型で体重も重い。

❼ヒラシュモクザメ
全シュモクザメの中で最大の種。今のところヒラシュモクザメは長さ6.1mが最長。

❽マオナガ
吻の先から尾の先までの長さは最長で6m。

❾カグラザメ
カグラザメ科の中で一番大きい。4.8mまで成長する。

❿ハチワレ
最長4.6mに成長する。体長のおよそ半分は尾がしめる。

世界二大ザメ、ウバザメとジンベイザメの食べ物は小さな動物プランクトン。

148 | サメ

一番小さなサメ

成魚の最大体長をもとに小さなサメを紹介します。小さなサメの多くは深海に生息しているので、あまりお目にかかれません。たまたま捕獲できた個体をもとに、どれくらいまで成長するかを調べます。

❶ペリーカラスザメ
最長の個体でも長さは21cm。おそらく世界で一番小さなサメ。

❷ブロードノーズキャットシャーク
今までに1個体しか捕獲されていない。その体長は24cm。

❸アフリカンランタンシャーク
体長24cmまで成長する。光の届かない、水深1,000mあたりに生息する。

❹ヒシカラスザメ
最長で26cmまで成長する。

❺オキコビトザメ
27cmまでしか成長しない。

❻ソーニーランタンシャーク
ほとんどのサメと同じく雄よりも雌の方が大きくなる。体長27cmまで成長する。

❼スパインドピグミーキャットシャーク
雌は体長28cmまで成長する。

❽グラニュラードドッグフィッシュ
南アメリカ近辺の二か所(フォークランド諸島とチリ)でしか見つかっていない。28cmを超えたくらいまで成長する。

❾ナガハナコビトザメ
めずらしい種。長さは37cm。

❿ホソフジクジラ
水深480mあたりに生息する。最大でも42cmまでしか成長しない。

> サメは一生成長し続けるが、成長するにつれて成長速度はだんだん遅くなる。

用語解説 ようごかいせつ

エナメル質（エナメルしつ） 歯の外側をおおう、動物の体の中で一番かたい物質。

獲物（えもの） 捕食者におそわれ、殺されて食べられる動物。被食者。

えら サメののどのあたりにある薄い羽根状の器官が集まった部分。えらを通して水から酸素を取りこみ、エネルギーを得る。

えら孔（えらあな） サメの皮ふにある、水が流れ出る開口部。サメの多くにはえら孔が五つある。

尾びれ（おびれ） さめの尾の部分。サメによって尾びれの形も大きさも異なる。

温帯（おんたい） 穏やかな天候の気候帯。

海山 海の中にある山や火山。

回遊（かいゆう） 季節ごとに、おもにえさ場や繁殖場所を求めて別の場所へ移動する現象。

化石 岩石の中に保存された、古い時代の動物や植物の遺骸。

カモフラージュ 動物がまわりの景色にうまく紛れこめるような体の色や模様をもつ現象。

輝板（きばん） サメの眼の裏側に並ぶ、光を反射する細胞の層。輝板のおかげで暗がりでもよく見える。

甲殻類（こうかくるい） 関節で足がつながっている無脊椎動物。甲殻類の多くはかたい殻でおおわれる。カイアシ、オキアミ、カニなど。

骨格（こっかく） 生物の体をつくる構造。

混獲（こんかく） ほかの魚を釣るためにえさをつけた釣り糸や魚網にたまたまひっかかったサメなどの海生生物。

鰓耙（さいは） サメなどある種の魚のえらにある櫛の歯のような突起。えらから取りこむ海水に含まれる小さな生物をこし取る。

鮫皮（さめがわ） サメやエイのざらざらの皮ふ。

酸素（さんそ） 空気や水に含まれる気体。ほとんどの生物は生きるために酸素を必要とする。

種 同じ特徴をもち、たがいの子を残すことのできる植物や動物のグループ。

瞬膜（しゅんまく） 魚や鳥などある種の動物がもつ特殊なまぶた。透明または半透明で、眼を守ったり、乾燥を防いだりする。

触覚器官（しょっかくきかん） 動物が触れたり感じたりするのを助ける器官。触手や前鼻弁。

尻びれ（しりびれ） 体の後方の腹側にあるひれ。

進化（しんか） 生物が何世代にもわたって少しずつ変化していく現象。

垂直回遊（すいちょくかいゆう） 海生生物が深海から海面まで、またはその逆方向に移動する現象。毎日、垂直回遊をするプランクトンのあとをサメなどの捕食者が追い、同じように垂直回遊することも多い。

生息地（せいそくち） 動物が生活している環境。

脊椎動物（せきついどうぶつ） 背骨をもつ動物。

絶滅危惧種（ぜつめつきぐしゅ） 存続が危ぶまれている種。現在の環境が変わらなければすぐにでも死に絶えてしまう種を絶滅寸前種（ガンジスメジロザメなど）という。

絶滅種（ぜつめつしゅ） 死に絶えた生物種。メガロドンは絶滅した。

背びれ（せびれ） サメの背中の中ほどにある大きなひれ。体が回転するのを防ぐ。尾の近くにもう1基背びれをもつサメもいる。

前鼻弁（ぜんびべん） ひげのような細長い器官。口の近くにある。食べ物を探すために使われる。

側線（そくせん） サメの体の両側に線のように並ぶ細胞。水圧の変化や水の動きを感じ取る。暗がりや泥水の中を泳ぐときなどに役立つ。

胎生（たいせい） 完全な姿で生まれる準備が整うまで母親の体内で成長する繁殖方法。

大陸斜面（たいりくしゃめん） 大陸棚

から海洋底までつながる急な斜面。

大陸棚（たいりく だな） 大陸の端の部分。比較的浅い海の海底。

タグ装着（タグ そうちゃく） 野生のサメの行動を研究するときに使う追跡方法。コンピュータを搭載した標識をひれにつけ、人工衛星を介してサメの動きを追い、記録する。

適応（てきおう） 生物がまわりの環境に合うように変化する進化上の現象。

動物学 動物について研究する科学の分野。

軟骨（なんこつ） かたいが柔軟性のある組織。軟骨魚の骨格をつくる。骨よりも軽く、曲げやすい。

軟骨魚（なんこつぎょ） 骨ではなく軟骨でできた骨格からなる魚。サメ、ガンギエイ、エイ、ギンザメが含まれる。

肉食動物 肉だけを食べる動物。

妊娠（にんしん） 受胎してから出産するまでの期間。この間、母親の子宮内で胚が成長する。

熱帯 暑く湿度の高い気候帯。

胚（はい） 卵や母親の子宮の中で成長している、生まれる前の動物。

吐き戻し（はきもどし） 動物が未消化の食べ物を口から放出する現象。

腹びれ（はらびれ） サメの体の後方の下部につく一対のひれ。ほかのひれといっしょに、泳ぎを調整するはたらきをする。

繁殖場（はんしょくじょう） サメが集まり子を産む場所。

皮歯（ひし） サメのうろこ。硬骨魚のうろことはちがい、サメの皮ふは歯のようなかたい組織でびっしりおおわれる。成分は歯と同じ無機物。体の部分によって形はちがい、吻の皮歯は丸く、背中の皮歯は先がとがっている。

ひれ切り サメのひれを売るために切り取ること。ひれを切られたサメの多くは海に放り出されるが、泳げないためおぼれ死ぬ。

腐食動物（ふしょくどうぶつ） 獲物をおそうのではなく死んでいる動物を食べる動物。ほかの捕食者が殺した動物を食べることが多い。

プランクトン 海に浮く、大量の小さな動物や植物。大きな動物に食べられる。

浮力（ふりょく） 物体または生物が浮こうとする力。サメの場合は脂肪を満たした肝臓によって浮力を得る。

吻（ふん） サメの頭の前の部分。

噴水孔（ふんすいこう） サメの眼や脳に酸素を届けるための呼吸孔。エイも海底で休むときは噴水孔を使って水を取り入れえらに送る。

捕食者（ほしょくしゃ） ほかの動物をおそい、殺して食べる動物。

保全（ほぜん） 動物や生息環境を守ったり、保護したりする活動。

巻きひげ（まきひげ） ある種の生物に見られる細長い腕のような構造物。獲物をつかんだり動かしたりするときに使われる。

無脊椎動物（むせきついどうぶつ） 背骨をもたない動物。

胸びれ（むなびれ） サメの体の前方の下部につく一対のひれ。水の中で向きを変えたり上方に移動するときに使う。場合によってはブレーキの役割もする。

群れ（むれ） たくさんの魚の集まり。ひとかたまりになって泳ぐ。

夜行性動物（やこうせいどうぶつ） 夜に活動する動物。

卵生（らんせい） 母親の体外で卵からふ化する繁殖方法。

卵胎生（らんたいせい） 母親の体内で卵からふ化する繁殖方法。

流線形 空気や水の抵抗が少ないなだらかな形。サメは流線形の体のおかげで速く泳げる。

ろ過食者（ろかしょくしゃ） 大量の水を取りこみ、プランクトンなどの食物粒をこし取って食べる動物。

ロレンチーニ器官 サメやエイの吻にある小さな感覚器官。獲物の出す電気を感じ取る。おそらく地球の磁場も感じ取り、進行方向を決めていると考えられている。

索　引 さくいん

【あ】

アイザメ　36
アイザメ科　34
アオザメ　6, 11, 14, 15, 18, 20, 74, 83, 146
アカエイ　116, 121, 136-143, 147
アカシュモクザメ　7, 116, 118, 119
アキヘラザメ　87
あ　ご　4, 8, 9, 147
アザラシ　14, 15
アトランティックギターフィッシュ　126
アブラツノザメ　34, 35
アフリカンランタンシャーク　149
アメリカナヌカザメ　91
アラビアンカーペットシャーク　73
アラフラオオセ　66
アングラーラフシャーク　44
胃　5
イコクエイラクブカ　98
イタチザメ　9, 22, 111, 147, 148
移動（回遊）　20, 82, 107, 146, 150
　　——する理由　20, 21
イトマキエイ　147
イヌザメ　5, 70
イボガンギエイ　122, 123
イワシ　106, 107
インドシュモクザメ　117
ウェスタンスポッテッドキャットシャーク　88
ウサギザメ　121
ウシバナトビエイ　141
ウチキトラザメ　93
ウチワシュモクザメ　117
ウバザメ　8, 19, 75, 76, 79, 146, 148
うろこ　➡皮歯を見よ
ウロコアイザメ　36
エ　イ　121-143
エイ上目　122
え　さ　21　➪獲物をも見よ
えさ場　20
エドアブラザメ　33
エナメル質　17, 150
エビスザメ　33
獲　物　6, 7, 14, 15, 19, 20, 84, 123, 147
え　ら　5, 10, 11, 124, 150
えら孔　11, 30-32, 123, 150
エンジェルシャーク　53
尾　10, 11, 14, 32, 121, 127, 136, 137
オオセ　60, 66
オオテンジクザメ　62
オオメジロザメ　115, 146, 147
オオワニザメ　8, 75
オキコビトザメ　19, 47, 149
オキナワヤジリザメ　36
オグロメジロザメ　87, 114
オーストラリアカスザメ　51
おそう（人間を）　15, 83, 147
オデコネコザメ　59
オナガザメ　14, 80
オニイトマキエイ（マンタ）　136, 141-143, 147
尾びれ　4, 50, 123, 150
泳　ぎ　10, 11, 146
オルカ　15
オルネイトエンジェルシャーク　55
オレンジスポッテッドキャットシャーク　88
オレンジスポットタンスイエイ　139
オロシザメ科　34
オンデンザメ　148
オンデンザメ科　34

【か】

海　底　11
回　遊　➡移動を見よ
カウンターシェーディング　82
カギハトガリザメ　103
カグラザメ　19, 33, 148
カグラザメ科　32
カグラザメ目　31
カスザメ　11, 15, 50, 51, 53
カスザメ目　31, 50-55
化　石　24-26
カマヒレザメ　102
カラクサオオセ　66-69
カラスザメ　35, 39-41
カラスザメ科　34
体
　　流線形の——　4, 5, 17

──の特徴　30
ガラパゴスザメ　104
ガラパゴスネコザメ　58
カリフォルニアカスザメ　54
カリフォルニアドチザメ　100
カリフォルニアネコザメ　57
カリブカスザメ　55
感　覚　6, 7
ガンギエイ　121-123, 128-131
ガンギエイ目　128
ガンジスメジロザメ　150
肝　臓　5, 45, 75, 76, 103, 146
カンパヘラザメ　86
キクザメ科　34
ギターフィッシュ　126
輝　板　150
嗅　覚（かぐ）　6, 7, 85, 147
ギンザメ　121-123, 144, 145
クナリトラザメ　94
口　30, 31
クラドセラケ　24, 32
グラニュラードッグフィッシュ　149
グリーンソーフィッシュ　125, 147
クログチヤモリザメ　90
クロトガリザメ　104
クロハラカラスザメ　13, 19, 39
クロヘリメジロザメ　106, 107
呼　吸　10, 11
コクテンミナミトラザメ　88
骨　格　4, 122, 150
コバンザメ　111
コモリザメ　7, 63, 146
コモンギターフィッシュ　127
コモンスケイト　130

コモンスティングレイ　136
コモントルペード　134
コルテスエレクトリックレイ　132
混　獲　150

【さ】
鰓　師　63, 65, 150
サカタザメ　126, 127
サカタザメ科　126
サザンスティングレイ　137
サ　メ　4, 5, 29-119
　歩く──　10, 58, 71
　沿岸に生息する──　18
　外洋に生息する──　18
　古代の──　24-27
　──の親戚　122, 123
　──の分類　30, 31
　──への脅威　22, 23
　──を守る計画　23
鮫　皮　150
サメハンター　15
サーモンシャーク　82
サンゴ礁　10, 18, 87
サンゴトラザメ　87, 89
飼　育　23, 57, 70, 89, 95, 98, 140
視　覚　6
シノノメサカタザメ科　126
シビレエイ　132-135
シマネコザメ　58
シャイシャーク　92
シャーク・ハンティング　22
シャチ（オルカ）　15
出　産　13, 21, 37, 49, 51, 55, 94, 98, 103, 113, 146, 147

シュモクザメ　7, 22, 117
シュモクザメ科　86
瞬　膜　30, 150
触覚（器官）　6, 150
尻びれ　4, 30, 31, 150
視　力　4, 5
シロシュモクザメ　117
シロボシテンジク　70
シロボシホソメテンジクザメ　61
シロワニ　74
シワエイ　129
深海層　19
真光層　19
ジンベイザメ　19, 21, 29, 60, 62, 65, 146, 148
垂直回遊　150
ズキンモンツキテンジクザメ　73
スターリースムースハウンド　98
スティングレイ　136
ステタカントゥス　25
スパインドピグミーキャットシャーク　149
スピナーシャーク　104
スピニーバタフライレイ　138
スムースハウンド　98
生息場所（生息地）　18, 19, 86, 150
生物発光　35
セイルフィンラフシャーク　44
脊　柱　4
絶滅危惧種　150
絶滅寸前　22, 23
絶滅の危機　124, 128
背びれ　4, 5, 30-32, 35, 50, 57, 150
前鼻弁　7, 69, 150

ゾウギンザメ　145
側　線　5, 150
ソーニースケイト　130
ソーニーランタンシャーク　149
ソーンバックギターフィッシュ　126
ソーンバックスケイト　130
ソーンバックレイ　128

【た】

胎　生　12, 13, 150
大陸斜面　18, 150
大陸棚　18, 19, 87, 151
ダークシャイシャーク　92
タグ装着　151 ⇨標識をも見よ
ターゲットレイ　133
タテスジトラザメ　92
卵　12, 13, 57, 89, 94, 96
ダルマザメ　46
稚魚　81, 88
聴　覚　6, 147
ツカエイ　138
ツノザメ科　34
ツノザメ目　31, 34-47
ツバメエイ　136
ツマグロ　115
ツマジロ　105
デビルレイ　142
電気ショック　133
電気信号　6, 123, 126
テングギンザメ　145
テンジクザメ目　30, 60-73
トガリザメ　18
毒　35, 42, 147
と　げ　➡皮歯を見よ
トゲニセカラスザメ　41
ドタブカ　109
トビエイ目　136
トラザメ　12, 95
トラザメ科　86
トラフザメ　60, 62
トロピカルソーシャーク　48
トロフィー・ハンティング　22

【な】

ナイフトゥースソーフィッシュ　125, 147
ナガハナコビトザメ　149
軟　骨　4, 122, 151
軟骨魚　4, 151
ニシオンデンザメ　42, 148
ニシネズミザメ　82
ニシレモンザメ　13, 111, 113, 146
ニタリ　14, 80
ニュージーランドナヌカザメ　91
ニュージーランドホシザメ　101
ニュージーランドランタンシャーク　40
人魚の財布　96, 97
ネコザメ　58
ネコザメ目　30, 56-59
ネズミザメ　18, 20, 24, 82
ネズミザメ目　30, 74-85
ネックレスクラカケザメ　60, 61
ネムリブカ　18
ノコギリエイ　48, 121, 122, 124, 125
ノコギリザメ　48, 49, 124
ノコギリザメ目　31, 48, 49

【は】

歯　8, 9, 22, 24, 49, 57, 59, 68, 74, 102, 113, 121, 123-125
胚　12, 13, 146, 151
吐き戻し　151
薄光層　19
パジャマシャーク　92
バタフライレイ　138
ハチワレ　81, 148
ハッピー・エディー　93
鼻　7, 123
ハナカケトラザメ　10, 12, 19, 95, 96
ハナグロザメ　110
ハナザメ　104
パプアエポレットシャーク　71
腹びれ　4, 53, 151
繁　殖　12, 13, 21
繁殖場（繁殖地）　20, 151
ハンター　➡捕食者を見よ
ヒゲザメ　60
ヒゲツノザメ　37
ヒゲドチザメ　101
ヒゲナシクラカケザメ　60
ピーコックスケイト　131
皮歯（とげ）　17, 30, 86, 95, 128, 147, 151
ヒシカラスザメ　149
ビッグスケイト　128
皮　ふ　87, 94, 123, 138, 151
ヒボダス　24
標　識　20, 23, 151
ヒョウモンオトメエイ　136
ヒョウモントラザメ　92
ヒラシュモクザメ　116, 146, 148

ひ れ 4, 5, 10, 22, 57, 105
ひれ切り 151
ヒレタカフジクジラ 41
ヒレトガリザメ 103
フカヒレ 22
フジクジラ 38
腐食動物 151
フトカラスザメ 40
フトツノザメ 34
ブラウンスムースハウンド 98
ブラックスポッテッドトルペード 135
ブラックドッグフィッシュ 38
プランクトン 8, 19, 65, 75, 79, 148, 151
浮 力 151
ブルーグレイカーペットシャーク 61
ブロードノーズキャットシャーク 149
吻 5, 6, 31, 48, 49, 124, 125, 127, 145, 151
噴水孔 11, 50, 122, 151
フンナガユメザメ 43
ヘラツノザメ 37
ベリーカラスザメ 29, 149
ヘリコプリオン 26, 27
ペレスメジロザメ 23, 29, 114
放 電 132, 133
保護色 50
捕食者 14, 25, 151
ホソフジクジラ 149
ポートジャクソンネコザメ 7, 9, 56, 59
ホホジロザメ 9, 14, 15, 18, 20-22, 29, 74, 75, 82, 84, 85, 147, 148
ホホジロザメ・カフェ 20
ホワイトスポッテッドラットフィッシュ 144
ホンカスザメ 50

【ま】

マオナガ 22, 80, 148
巻きひげ 12, 94, 96, 151
マダラトビエイ 140
待ち伏せ 15, 53, 69
マーブルドレイ 133
マモンツキテンジクザメ 10, 71
マルバラユメザメ 43
マンタ（オニイトマキエイ） 136, 141-143, 147
味 覚 6, 7
ミズワニ 76
ミツクリザメ 74, 75
ミナミオロシザメ 44
ミナミノコギリザメ 49
ミルンベイエポレットシャーク 72
無光層 19
胸びれ 5, 10, 50, 53, 72, 122, 127, 128, 143, 151
群れ（集団） 34, 98, 119, 151
眼 5, 7, 30, 53, 81, 116, 122, 147
メイサイオオセ 67
メガマウスザメ 8, 76
メガロドン 25, 150
メキシコネコザメ 56
メジロザメ 110, 146
メジロザメ目 30, 86-119
模 様 60
モヨウウチキトラザメ 92, 93

【や】

ヨゴレ 108
ヨシキリザメ 20, 108, 146
ヨロイザメ 46
ヨロイザメ科 34

【ら】

ラウンドスティングレイ 138
ラジャエポレットシャーク 72
らせん弁 4
ラブカ 24, 32
ラブカ科 32
ラフスキンキャットシャーク 87
ラム・フィーディング 40
卵 黄 12, 13
卵黄嚢 12
卵 生 12, 151
卵胎生 12, 13, 37, 49, 51, 55, 98, 147, 151
卵 嚢 13
リトルスケイト 131
流線形 17, 151
ルリホシエイ 137
レモンザメ 110
レモンフィッシュ 101
ろ過食者 8, 151
ロレンチーニ器官 5, 6, 84, 90, 123, 126, 151
ロングスナウトドッグフィッシュ 37

【わ】

ワニグチツノザメ 40

謝　辞 しゃじ

Dorling Kindersley would like to thank: Monica Byles for proofreading; Helen Peters for indexing; David Roberts and Rob Campbell for database creation; Claire Bowers, Fabian Harry, Romaine Werblow, and Rose Horridge for DK Picture Library assistance; Ritu Mishra for editorial assistance; and Isha Nagar for design assistance.

The publishers would also like to thank the following for their kind permission to reproduce their photographs:

(Key: a-above; b-below/bottom; c-centre; f-far; l-left; r-right; t-top)

1 FLPA: ImageBroker (c). **2–3 Corbis:** Denis Scott (crb). **4–5 Getty Images:** Fleetham Dave / Perspectives (c). **6 marinethemes.com:** Kelvin Aitken (t); Andy Murch (bl). **7 marinethemes. com:** Kelvin Aitken (c). **8 Dorling Kindersley:** Natural History Museum, London (c). **marinethemes.com:** Kelvin Aitken (bl, bc); Saul Gonor (c). **8–9 Dorling Kindersley:** Natural History Museum, London (c). **9 Corbis:** Jeffrey L Rotman (tr). **Dorling Kindersley:** Natural History Museum, London (cra). **marinethemes.com:** Kelvin Aitken (br); Andy Murch (cl); Franco Banfi (bl). **10 marinethemes.com:** Kelvin Aitken (b). **11 marinethemes.com:** Kelvin Aitken (tr, crb, br). **12 Corbis:** Douglas P Wilson / Frank Lane Picture Agency (cl, clb, bl). **13 Corbis:** Jeffrey L Rotman (t). **SeaPics.com:** Doug Perrine (b). **14 Alamy Images:** Dan Callister (b). **marinethemes. com:** Kelvin Aitken (c). **15 Corbis:** Tom Brakefield (br). **Getty Images:** James Forte / National Geographic (tr); Jeff Rotman / Iconica (tc). **marinethemes.com:** Kelvin Aitken (c). **16–17 Corbis:** Clouds Hill Imaging Ltd.. **18 Getty Images:** Barcroft Media (br); Jonathan S Blair / National Geographic (b). **marinethemes.com:** Kelvin Aitken (cr). **21 Getty Images:** Stephen Frink / The Image Bank (r). **marinethemes.com:** Kelvin Aitken (b). **SeaPics.com:** Doug Perrine (tc). **22 Alamy Images:** Mark Conlin (b). **Dorling Kindersley:** The Trustees of the British Museum (c). **22–23 Getty Images:** Yoshikazu Tsuno / Afp (b). **23 SeaPics.com:** Doug Perrine (b). **24 Dorling Kindersley:** Natural History Museum, London (cr). **26–27 Science Photo Library:** Christian Darkin. **28 Corbis:** Tim Davis. **29 marinethemes.com:** Andy Murch (bc). **30 Alamy Images:** Mark Conlin (bc). **marinethemes.com:** Saul Gonor (br); Andy Murch (cr). **SeaPics.com:** Marty Snyderman (c). **31 marinethemes.com:** Kelvin Aitken (cl, bc, c, t). **Oceanwidelmages.com:** Bill Boyle (br). **32 marinethemes.com:** Kelvin Aitken (cr, tl, cl, bl). **33 Dorling Kindersley:** Jón Baldur Hlíðberg (www.fauna.is) (cl). **marinethemes.com:** Kelvin Aitken (tr, br). **34 marinethemes.com:** Kelvin Aitken (cl). **34–35 marinethemes.com:** Andy Murch (b). **35 marinethemes.com:** Kelvin Aitken (t). **naturepl. com:** Ian Coleman (WAC) (tl). **36 marinethemes.com:** Kelvin Aitken (b). **37 marinethemes.com:** Kelvin Aitken (tl); Ken Hoppen (br). **Oceanwidelmages.com:** Rudie Kuiter (bl). **38 Oceanwidelmages.com:** Rudie Kuiter (b). **39 marinethemes.com:** Kelvin Aitken (t). **www.uwp.no:** Erling Svenson (b). **40–41 Oceanwidelmages.com:** Rudie Kuiter (tl). **40 SeaPics.com:** Stephen Kajiura (tl). **41 marinethemes. com:** Kelvin Aitken (br); (clb). **42 naturepl.com:** Doug Perrine. **43 marinethemes.com:** Kelvin Aitken (t, b). **Photolibrary:** (bl). **44–45 Oceanwidelmages.com:** Rudie Kuiter (r). **46 Photolibrary:** (bl). **46–47 Corbis:** Norbert Wu / Science Faction. **47 Alamy Images:** WaterFrame (r). **48 SeaPics.com:** Kubo / e-Photography (cl). **48–49 marinethemes.com:** Kelvin Aitken (bc). **49 Oceanwidelmages.com:** Rudie Kuiter (br). **SeaPics.com:** Marty Sniderman (tr). **50 marinethemes.com:** Kelvin Aitken (tl, cl, bl); Andy Murch (br). **51 marinethemes.com:** Kelvin Aitken (t). **Oceanwidelmages.com:** Bill Boyle (b). **52–53 naturepl.com:** Alex Mustard. **54–55 Ecoscene:** Andy Murch (l). **55 SeaPics.com:** Mark Strickland (br). **56 marinethemes.com:** Mark Conlin (cl). **57 Dorling Kindersley:** Natural History Museum, London (tr). **marinethemes. com:** Kelvin Aitken (tl) Mark Conlin (tr). **58 marinethemes.com:** Kelvin Aitken (tr). **Oceanwidelmages.com:** David Fleetham (br). **SeaPics.com:** D R Schrichte (tr). **59 marinethemes.com:** Kelvin Aitken. **60 marinethemes.com:** Kelvin Aitken (tl, bl); Jez Tryner (cl). **Oceanwidelmages.com:** Rudie Kuiter (br). **61 Alamy Images:** Andy Murch / Vwpics (br). **Oceanwidelmages.com:** Rudie Kuiter (tr). **SeaPics.ccm:** Scott Michael (bl). **62–63 Getty Images:** Digital Vision / Justin Lewis (t). **62 marinethemes.com:** Mike Parry (bl). **63 Alamy Images:** Underwater Imaging (r). **64–65 Alamy Images:** Martin Strmiska. **66–67 marinethemes.com:** Reinhard Dirscherl (c). **67 Alamy Images:** Kelvin Aitken / First Light (tr). **68–69 marinethemes.com:** Kelvin Aitken. **70. Naturepl.com:** Doug Perrine (b). **71 Alamy Images:** WaterFrame (bl). **72 SeaPics.com:** Lisa Collins (t). **73 SeaPics.com:** Scott Michael (b); D R Schrichte (t). **74 marinethemes.com:** Kelvin Aitken (cr); Mary Malloy (cl). **75 Dorling Kindersley:** Natural History Museum, London (tl). **marinethemes.com:** Kelvin Aitken (tc); Andy Murch (r). **NHPA / Photoshot:** Franco Banfi (b). **76 SeaPics.com:** Stephen Kajiura (tr). **76–77 Ardea:** Gavin Parsons (r). **78–79 marinethemes. com:** Saul Gonor. **80–81 marinethemes.com:** Kelvin Aitken (b). **81 Corbis:** Jeffrey L Rotman (tr). **82–83 Dorling Kindersley:** Jeremy Hunt – modelmaker (c). **82 Alamy Images:** Doug Perrine (tl). **83 marinethemes.com:** Andy Murch (b). **84–85 Alamy Images:** Dan Callister. **86 FLPA:** Norbert Wu / Minden Pictures (c). **87 marinethemes.com:** Kelvin Aitken (br, tl); David Fleetham (tr). **SeaPics.com:** Peter McMillan (cl); Scott Michael (tc). **88–89 Oceanwidelmages. com:** Rudie Kuiter (cra). **Photolibrary:** (bc). **88 marinethemes.com:** Ken Hoppen (cla). **89 naturepl.com:** Alex Mustard (br). **90–91 naturepl.com:** Florian Graner (c). **90 SeaPics. com:** Doug Perrine (b). **92 naturepl.com:** Doug Perrine (b). **92–93 marinethemes.com:** Kelvin Aitken (b). **SeaPics.com:** Doug Perrine (t). **93 SeaPics.com:** Doug Perrine (b). **94 marinethemes.com:** Andy Murch. **95 marinethemes.com:** Kelvin Aitken (b). **96–97 Getty Images:** Paul Kay / Oxford Scientific. **98 Alamy Images:** Mark Conlin (bl). **marinethemes.com:** Kelvin Aitken (b). **marinethemes.com:** Rudie Kuiter (t). **102–103 Science Photo Library:** Jason Isley , Scubazoo (l). **103 Thomas Gloerfelt:** (br). **104–105 Getty Images:** Georgette Douwma / Digital Vision (bc). **marinethemes.com:** David Fleetham (tc). **105 Alamy Images:** WaterFrame (br). **106–107 Getty Images:** Alexander Safonov / Flickr. **108 Dorling Kindersley:** David Peart (b). **108–109 marinethemes.com:** Andy Murch (t). **109 Getty Images:** Rainer Schimpf / Gallo Images (b). **110 Dorling Kindersley:** Rough Guides (tl). **Getty Images:** James R D Scott / Flickr (bl). **110–111 Alamy Images:** Andy Murch / Vwpics (b). **111 marinethemes.com:** Andy Murch (r). **112–113 marinethemes.com:** Andy Murch. **114 Getty Images:** Stephen Frink / Stone (tr). **115 marinethemes.com:** David Fleetham (b). **116 marinethemes.com:** Stephen Wong (b). **116 Corbis:** Norbert Wu / Science Faction (t). **Getty Images:** Jonathan Bird / Peter Arnold (b). **117 Corbis:** Andy Murch / Visuals Unlimited (bl). **Getty Images:** Gerard Soury / Oxford Scientific (tl). **Getty Images:** Stephen Kajiura (tr). **118–119 SeaPics.com:** Martin Strmiska. **120 Corbis:** Paul Souders. **121 marinethemes.com:** Kelvin Aitken (bc). **123 Corbis:** Norbert Wu / Science Faction (crb). **marinethemes.com:** Kelvin Aitken (b). **124 marinethemes.com:** Kelvin Aitken (cl, br); Andy Murch (tl). **125 FLPA:** Norbert Wu / Minden Pictures (b). **marinethemes.com:** Andy Murch (t). **126 Oceanwidelmages.com:** Andy Murch (bl). **126–127 Andy Murch / Elasmodiver.com:** (bc). **127 marinethemes.com:** Andy Murch (tc). **Robert Harding Picture Library:** Marevision / age fotostock (r). **128 Getty Images:** Visuals Unlimited, Inc. / Andy Murch (bl). **130 Getty Images:** Bill Curtsinger / National Geographic (bl). **marinethemes.com:** Kelvin Aitken (b). **130–131 marinethemes.com:** Kelvin Aitken (bc). **131 Getty Images:** Visuals Unlimited, Inc. / Andy Murch (tr). **132 marinethemes.com:** Andy Murch (b). **133 marinethemes.com:** Andy Murch (tl). **134–135 SuperStock:** age fotostock (l). **135 SeaPics.com:** Manfred Bail (tr). **136 marinethemes.com:** David Fleetham (cr). **137 marinethemes.com:** Stephen Frink (cl). **SuperStock:** age fotostock (r). **138 Getty Images:** Visuals Unlimited, Inc. / Andy Murch (cl, bl). **139 marinethemes.com:** Andy Murch (b). **SeaPics. com:** Mark Conlin. **140 Corbis:** Stephen Frink / Aurora Photos. **141 Alamy Images:** blickwinkel / Schmidbauer (b). **Getty Images:** Roger Munns – Scubazoo / Science Faction (t). **142–143 marinethemes.com:** Kelvin Aitken. **144 Oceanwidelmages.com:** Andy Murch (b). **145 marinethemes.com:** Kelvin Aitken (t, b).

Jacket images: Front: Alamy Images: Masa Ushioda / Stephen Frink Collection c. **Dorling Kindersley:** Jeremy Hunt – modelmaker tr, cla, cla / Spinner shark, clb, crb / Great white shark, crb / Spinner shark br, Natural History Museum, London tl, tc, tl / Bramble shark, tr / Gill rakers, tr / *Megalodon*, fcla, cra, cla / *Striatolamia*, crb, cb, fclb, clb / Great white shark jaw, bl, bc; **Back: Dorling Kindersley:** Jeremy Hunt – modelmaker cla, Natural History Museum, London clb; **Spine: Alamy Images:** Masa Ushioda / Stephen Frink Collection t.

All other images © Dorling Kindersley

For further information see: www.dkimages.com